Die Bearbeitung von Maschinenteilen

nebst Tafel zur graphischen Bestimmung der Arbeitszeit

Von

E. Hoeltje

Hagen i. W.

Zweite, erweiterte Auflage

Mit 349 Textfiguren und einer Tafel

Berlin

Verlag von Julius Springer

1920

ISBN-13: 978-3-642-98561-4 e-ISBN-13: 978-3-642-99376-3

DOI: 10.1007/978-3-642-99376-3

Vorwort zur zweiten Auflage.

Die erste Auflage des vorliegenden Buches ist als Sonderabdruck von Aufsätzen erschienen, die in den Jahren 1913 und 1914 in der Werkstattechnik veröffentlicht wurden. Der schnelle Absatz der Sonderdrucke beweist, daß die Aufsätze Anklang gefunden haben, und bestimmte den Verlag zur Herausgabe der erweiterten 2. Auflage. Das vorliegende Büchlein soll dazu dienen, hauptsächlich den jungen bzw. werdenden Techniker in das so wichtige Kapitel der wirtschaftlichen Bearbeitungsmethoden an Hand von Beispielen aus der Praxis einzuführen. Bereitwillig stellten mir hierfür verschiedene Firmen Material zur Verfügung, wofür ich an dieser Stelle nochmals besten Dank sage. Ich bin mir darüber klar, daß manches von dem Gebrachten sich auch auf andere Weise glücklich lösen lassen wird, und bin den Herren Fachgenossen für jede Anregung dankbar, die dem oben angegebenen Zwecke zugute kommt. War früher die wirtschaftliche Bearbeitung einer der Faktoren, unsere Industrie und damit unser Vaterland auf stolzer Höhe zu halten, so hat sie heute die ungleich wichtigere Aufgabe, daran mitzuhelfen, unser armes Deutschland durch aufs höchste gesteigerte Produktion aus dem Elend zu alter Größe zurückzuführen. Die Erfüllung dieser Aufgabe ist aber nur dann möglich, wenn der Gedanke des Zeit- und Kostensparens noch mehr als bisher Allgemeingut wird.

Und dazu soll ein wenig dies Büchlein helfen.

Hagen i. W., Juni 1920.

Hoeltje.

Inhaltsverzeichnis.

Vorbemerkung.

Die folgende Besprechung der Bearbeitung einfacher Maschinenteile behandelt die zweckmäßige Folge der einzelnen Arbeitsstufen, die lohnende Verwendung von Aufspannvorrichtungen und Bohrschablonen sowie die erforderlichen Meßwerkzeuge. Dabei werden gelegentlich Einformverfahren der zu bearbeitenden Gegenstände, soweit sie allgemeines Interesse besitzen, erwähnt werden. Es sollen besprochen werden:

1. Kupplungen,	8. Kolben,
2. Lagerschalen,	9. Exzenter,
3. Schmierring,	10. Ventil,
4. Riemenscheiben,	11. Achsbuchse,
5. Kreuzköpfe,	12. Federaufhängung bei einer Lokomotive,
6. Pleuelstangen,	13. Allgemeines.
7. Kurbelwellen,	

1. Kupplungen.

a) Hülsenkupplung.

Sie besteht aus 2 außen doppelkegelförmig abgedrehten gußeisernen Hülsen *I* und *II* und 2 innen konisch ausgebohrten Ringen *R* (Fig. 1).

Der rohe aus Schmiedeisen bestehende Ring ist aus einer runden Scheibe durch Lochen und Schmieden auf einem Dorn entstanden. Er ist allseitig zu bearbeiten.

Man benutzt für die Bearbeitung zwei Leitspindeldrehbänke. Der Ring wird mittels der selbstzentrierenden Klauen so aufgespannt, daß zwischen seiner Unterfläche und der Planscheibe genügend Spiel zum Auslaufen des Stahles bei der Bearbeitung von *g* bleibt (Fig. 2).

Nach erfolgter Bearbeitung von Fläche *f* (Schruppen und Schlichten) wird der Ring umgewendet, er legt sich mit *f* auf einen Absatz von *N*, das mittels eines Zapfens in der Planscheibe *T* genau zentriert ist; der obere zylindrische Teil von *N* dient zur Führung eines Ringes *M*, der außen konisch abgedreht ist und beim Anziehen der Schraube *Sch* den zu bearbeitenden Ring genau zentriert und festspannt (Fig. 3).

Die Kontrolle geschieht durch Schublehre und Konus.

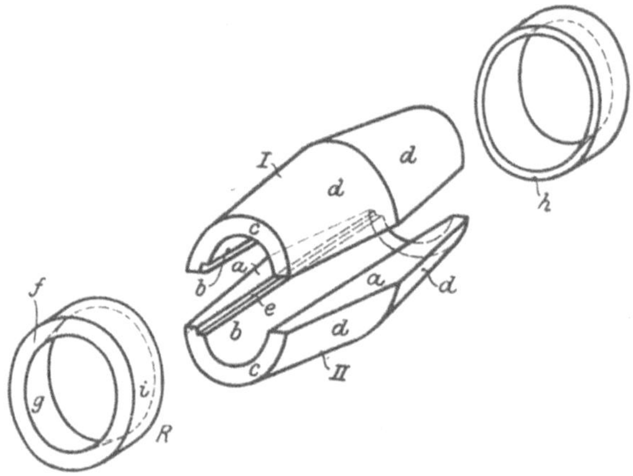

Fig. 1. Hülsenkupplung.

Bei den unter Verwendung einer Formmaschine hergestellten **Hülsen** I und II, die ebenfalls allseitig bearbeitet werden müssen, beginnt man mit der Bearbeitung der ebenen Flächen *a a*. Diese Arbeit kann durch Hobeln, Fräsen oder Schleifen geschehen.

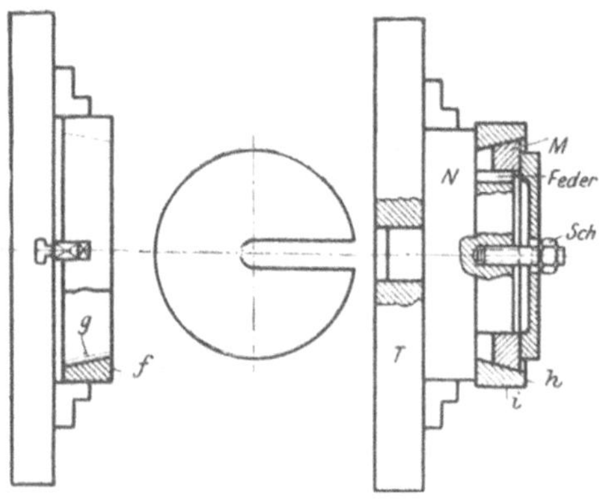

Fig. 2. Fig. 3.

Fig. 2 und 3. Bearbeitung der Ringe.

Es sei hier das Hobeln gewählt.

Bei M a s s e n f a b r i k a t i o n — und diese soll, wenn n i c h t s a n d e r e s g e s a g t wird, im folgenden v o r a u s g e s e t z t sein — spannt man mehrere Hülsen hintereinander und ordnet 2 solche Reihen nebeneinander an (Fig. 4 und 5). Zum Aufspannen bedient man sich der in Fig. 4 und 5 dargestellten Winkel und Prismen, die in den Winkeln je nach der Länge der zu bearbeitenden Hülsen verschiebbar angeordnet sind. An den unteren Teilen sind sie mit Aussparungen versehen, so daß sie auch über den Befestigungsschrauben der Winkel stehen können (Fig. 6). Die verwendete Maschine ist eine gewöhnliche Hobelmaschine, die mit 2 Supporten ausgerüstet ist.

Auf diese Arbeit folgt das Herstellen der Bohrung *b* (Fig. 1), was zweckmäßig auf einer Revolverdrehbank vorgenommen wird (Fig. 7,

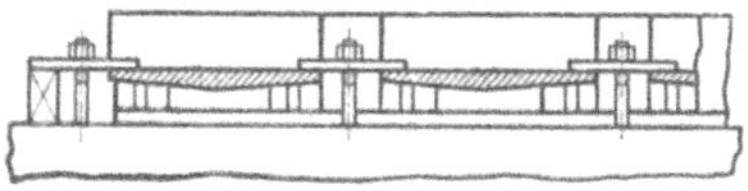

Fig. 4.

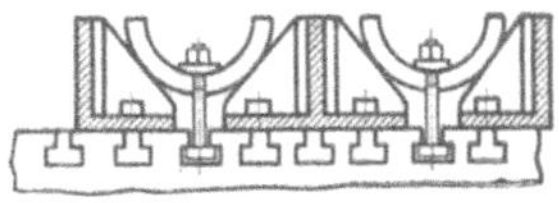

Fig. 5.

Fig 4 und 5. Hobeln der Stoßflächen.

8 und 9). Das Einspannen der Hülsen geschieht folgendermaßen:

Der durch Rippen versteifte Körper *H* ist gegen die Planscheibe zentriert geschraubt. Auf die 4 Schrauben *S* legt man eine Hülse, deren größten Durchmesser man nach einer Marke an *H* ausgerichtet hat. Dann legt man auf die bearbeiteten Flächen *Fl* (Fig. 9 u. 10) des Körpers 2 Lineale *L*, die leicht festgemacht und entfernt werden können, und stellt nun die Schrauben *S* so ein, daß die Flächen *a* (Fig. 1) der einen Hülse an *L* liegen. Die Unterfläche

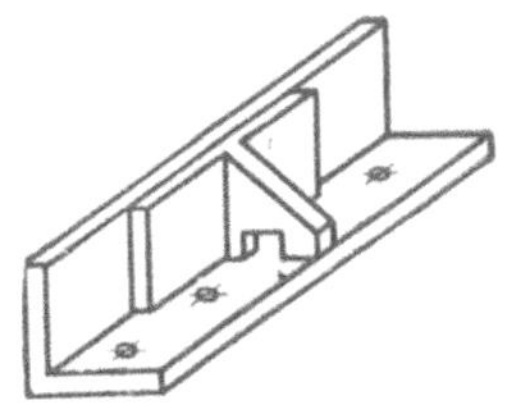

Fig. 6. Aufspannprisma und Winkel.

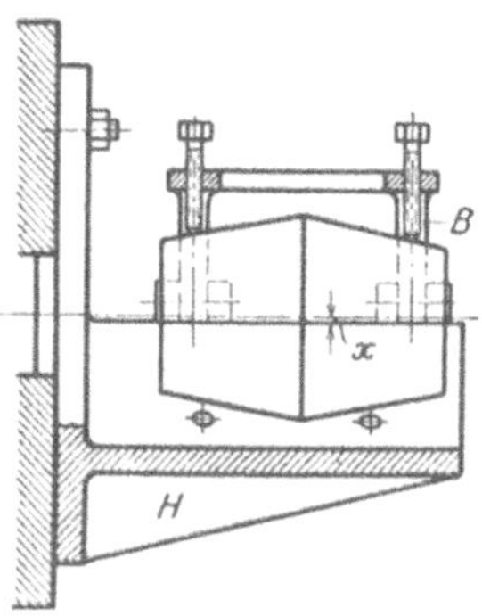

Fig. 7.

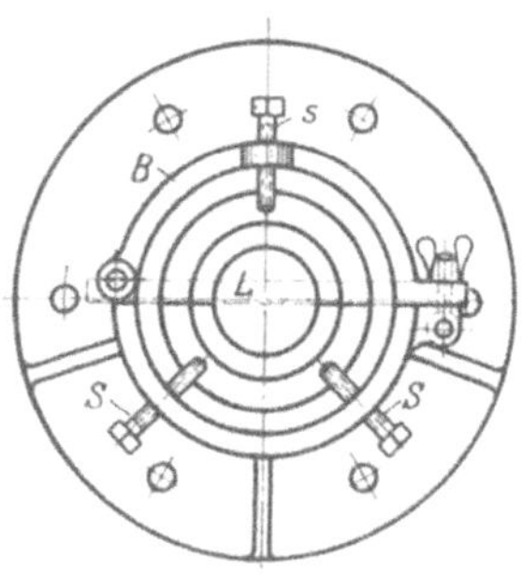

Fig. 8.

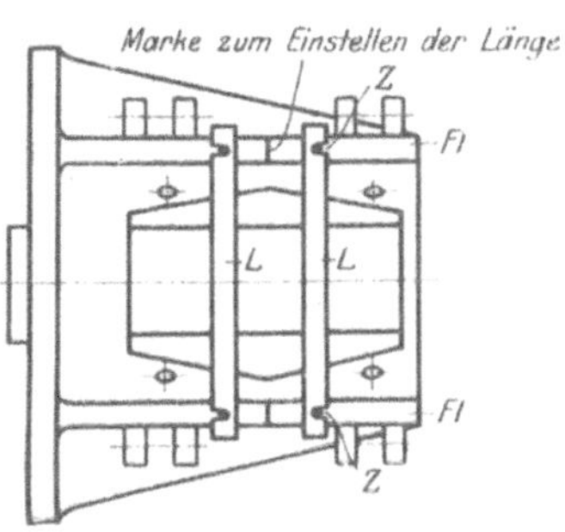

Fig. 9.

Fig. 7–9.

Ausbohren der Hülse.

von L liegt dabei um x (halbe Zeichenpapierstärke) unter der wagerechten Mittellinie von H (H in der skizzierten Stellung gedacht). Nach Entfernung der Lineale legt man die andere Hülse auf die erste nach Zwischen-

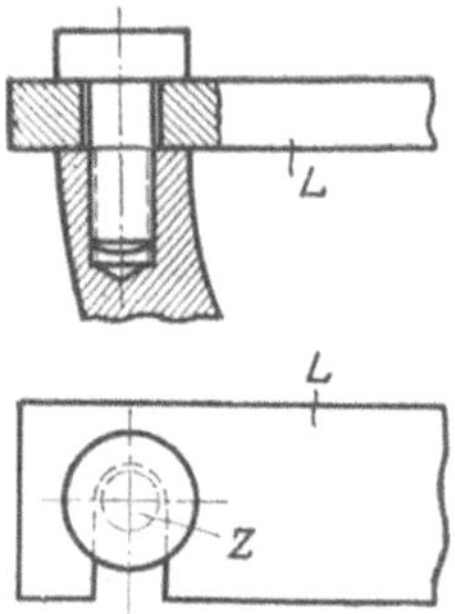

Fig. 10. Einstellineal.

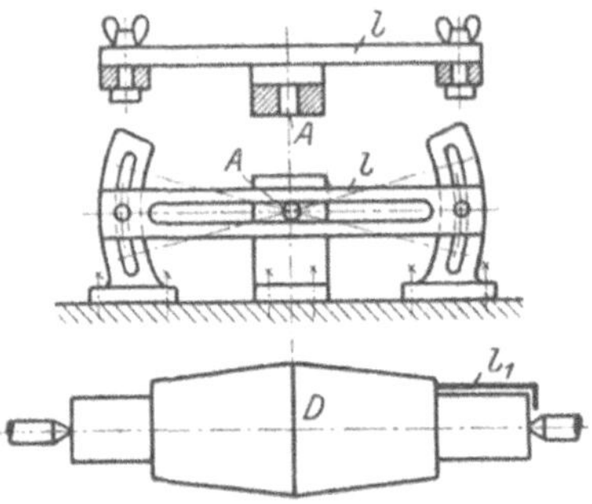

Fig. 11.

Bem. Beim Aufspannen werden die Schalen mittels Lehre l_1 genau auf den Dorn gebracht, so daß D sich stets dem Drehpunkt A des Konuslineals l gegenüber befindet.

bringen von 2 Streifen Zeichenpapier auf die Flächen a. Nach Herunterklappen des Bügels B zieht man die Schrauben s an und spannt

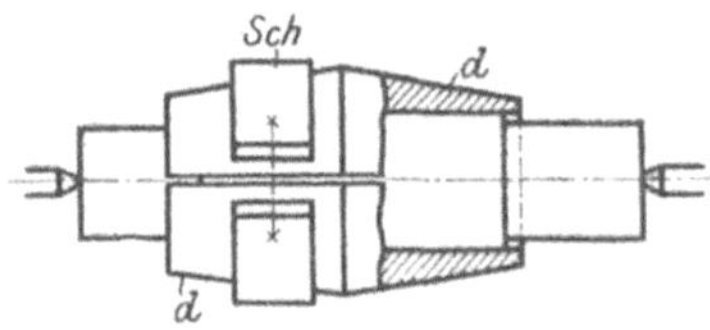

Fig. 12.

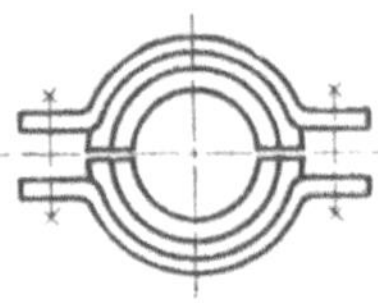

Fig. 13.

Fig. 12 und 13. Bearbeiten des Umfanges und der Stirnflächen.

dadurch die Hülsen zusammen. Nun erfolgt die Bearbeitung durch Bohrstange, Senker, Reibahlen. Die Kontrolle erfolgt durch Grenzlehrbolzen.

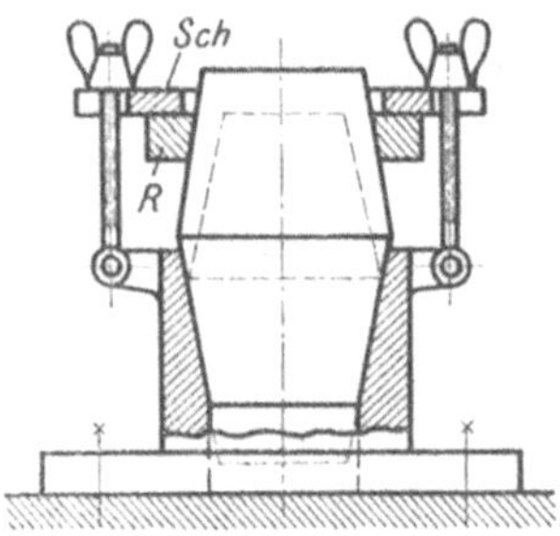

Fig. 14.

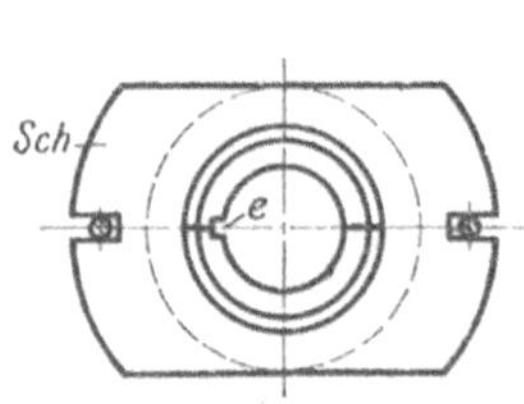

Fig. 15.

Fig. 14 und 15. Herstellung der Nut.

Bem. Das Ausrichten der Schalen gegen den Stahl erfolgt nach einer Marke, die auf dem Rande des Topfes und dem inneren Kegelmantel angerissen ist.

Das Abstechen auf Länge und das Konischdrehen nimmt man auf einer Konusdrehbank (Fig. 11) vor. Beim Drehen des I. Konus werden die auf einem Aufspanndorn befindlichen Hülsen durch eine Schelle *Sch* zusammengehalten (Fig. 12 u. 13). Beim Drehen des II. Konus kann man zum Zusammenhalten einen der fertigen Ringe *R* verwenden.

Dann erfolgt das Stoßen der Nut *e* auf einer Senkrechtstoßmaschine, wozu man die Kupplungshälften in eine Aufspannvorrichtung (Fig. 14 u. 15) bringt. Eine Shapingmaschine läßt sich bei dem angenommenen Sitz der Nut an den Berührungsflächen *a a* nicht vorteilhaft verwenden. Durch Auswechseln der Scheibe *Sch* und der Spannschrauben lassen sich in einer solchen Vorrichtung Hülsen von verschiedenem Durchmesser bearbeiten.

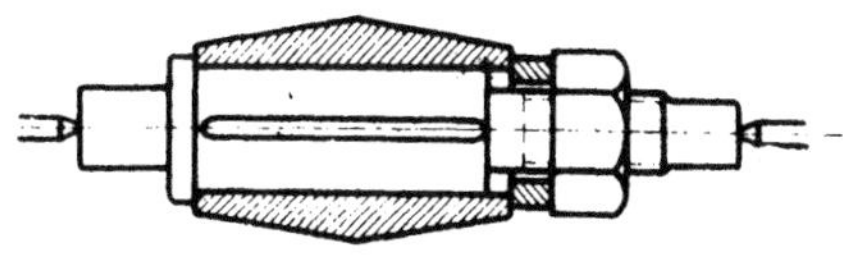

Fig. 16. Polieren.

Zur Kontrolle dienen Parallelendmaße.

Die Schlußbearbeitung erfahren die Hülsen auf der Drehbank durch Feilen und Polieren, wobei das Zusammenspannen nach Fig. 16 erfolgt. Der feste Bund und die Unterlegscheibe sind zum Bearbeiten der Enden kleiner im Durchmesser gehalten.

Die Kontrolle des größten Durchmessers der Kupplung, der Steigung und Länge geschieht mit Lehren.

b) Schalenkupplung.

Die zusammengegossenen Schalen (Fig. 17 u. 18) werden gesprengt und durch die vorgegossenen Löcher die Befestigungsschrauben gesteckt, die die Hälften zusammenhalten.

Auf einem senkrechten Bohr- und Drehwerk wird wie bei der Hülsenkupplung die Bohrung *a* hergestellt. Das Einspannen geschieht durch selbstzentrierende Backen, die Kontrolle durch Grenzkaliberbolzen.

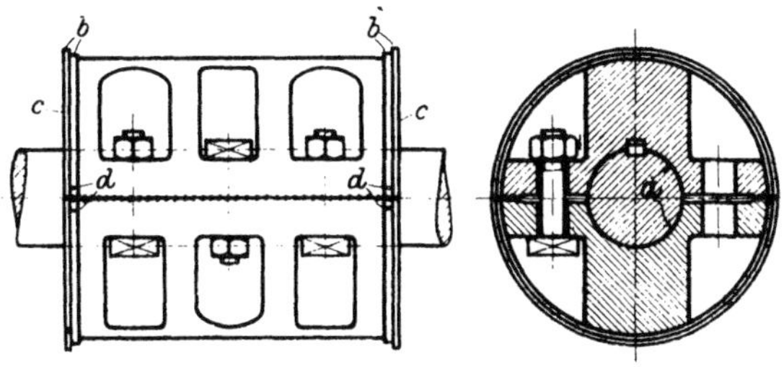

Fig. 17. Fig. 18.

Fig. 17 und 18. Schalenkupplung (zusammengegossen).

Die Bearbeitung der Flächen *b* und *c* erfolgt auf einer gewöhnlichen Zugspindeldrehbank.

Zum Einspannen dient der gewöhnliche Drehdorn. Die Kontrolle des Durchmessers und der Länge geschieht durch Schublehre.

Das Einarbeiten der Nut für die Feder wird auf einer Shapingmaschine vorgenommen, wobei die Kupplung in einen Parallelschraubstock gespannt ist. Zur Kontrolle dienen Parallelendmaße.

Zum Bohren der vorgezeichneten Schraubenlöcher *d*, die zur Aufnahme der Schrauben zum Halten des Deckbleches dienen, gebraucht man eine zweispindlige Senkrechtbohrmaschine.

Sollen die Kupplungshälften, wie es meist geschieht, nicht zusammen, sondern I und II für sich gegossen werden, so müssen die Flächen *M M* bearbeitet werden (Fig. 19—21). Diese Arbeit geschieht bei Fig. 19

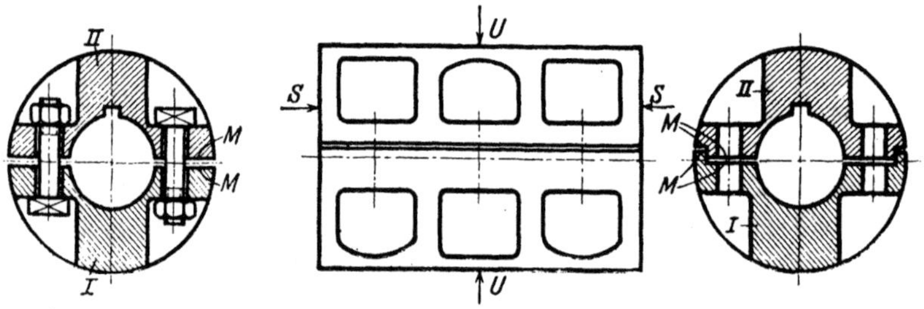

Fig. 19. Fig. 20. Fig. 21.

Fig. 19—21. Schalenkupplung (nicht zusammengegossen).

durch Hobeln, bei Fig. 21 durch Fräsen unter Verwendung eines Frässatzes (Fig. 22) auf einer wagerechten Fräsmaschine. Einspannen wie in Fig. 4 u. 5 in einer Reihe. Kontrolle durch Grenzlehren.

Die Herstellung der Bohrung, Drehen von *U* und *S* (Fig. 20) erfolgt auf die besprochene Weise.

Zur Herstellung der Schraubenlöcher, die nicht vorgegossen sind, bedient man sich unter Verwendung einer Bohrschablone *Sch* (Fig. 23) einer Senkrechtbohrmaschine. Die Bohrschablone ist für die Kupplungshälften (Fig. 20 u. 21) gedacht. Die Kanten *α α* (Fig. 23) stellen Teil *I*, *β β* Teil *II* seitlich ein. Ansätze an *Sch*, die sich in der

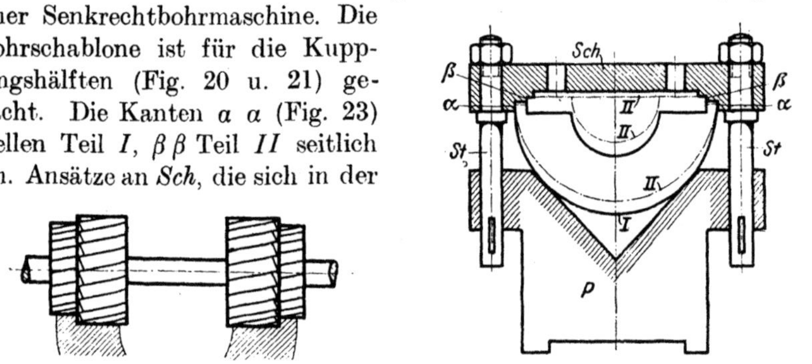

Fig. 22. Bearbeiten der Stoßflächen. Fig. 23. Bohren der Schraubenlöcher.

Bildebene vorn oder hinten liegend befinden, stellen auf Länge ein. Zur Unterstützung gebraucht man ein Prisma *P*.

Zur Erzielung einer genauen wagerechten Lage der Trennflächen von *I* und *II* ist *Sch* mit 3 Stiften *St* versehen, die sich in langen Augen an *P* führen. Keile stellen die Verbindung von *Sch* und *P* her.

c) Scheibenkupplung.

Die Bearbeitung der Teile *I* und *II* (Fig. 24) geschieht getrennt, das Bohren der Schraubenlöcher in beide Teile zusammen.

Es werde zunächst *I* mit der Nabe in ein selbstzentrierendes Futter einer Revolverbank gespannt, deren Quersupport einen schwenkbaren Stahlhalter für 4 Stähle trägt (Fig. 25), in den die Stähle zur Bearbeitung der Außenflächen eingespannt sind. Der Revolverkopf trägt außer den zur Herstellung der Bohrung nötigen Werkzeugen (Bohrstange,

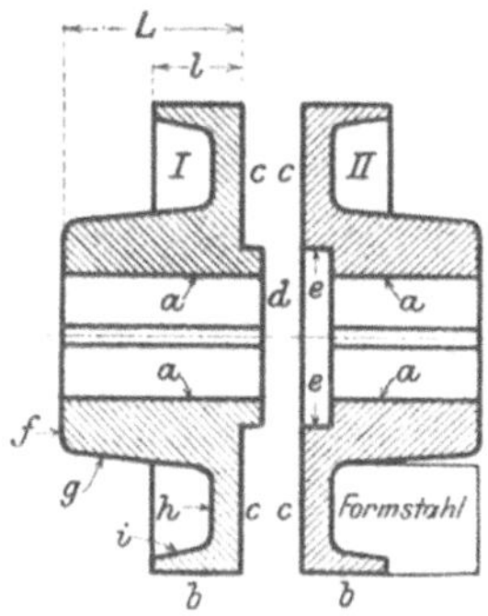

Fig. 24. Scheibenkupplung.

Fig. 25. Vierfacher Stahlhalter.

Senker, Reibahle) noch 2 Formmesser zur Bearbeitung von *d* und *e* auf genauen Durchmesser, wobei zweckmäßig eine Führung der Stähle in der fertigen Bohrung *a* stattfindet. Ferner ist in dem Revolverkopf noch eingespannt ein Formstahl zum Schlichten von *h* und *i* (Fig. 24).

Zuerst erfolgt, zum Teil gleichzeitig, die Bearbeitung von *a*, *b*, *c*, *d*.

Danach Umspannen mit der bearbeiteten Fläche *d* gegen die Planscheibe; es folgt die Bearbeitung von *f*, *g*, *h*, *i*.

In gleicher Weise wird *II* bearbeitet.

Die Kontrolle der Wellenbohrung und des Durchmessers des Ansatzes *d* bzw. des Loches *e* erfolgt durch Grenzlehren, die der Durchmesser von *b* und *g* durch Schublehren; *l* und *L* werden durch einstellbare Anschläge, die man auf die vordere Führungsrippe des Drehbankbettes legt, genau auf Länge bestimmt. Der Schweinsrücken gibt dabei dem Anschlag eine genau der Drehbankachse parallele Lage (Fig. 26).

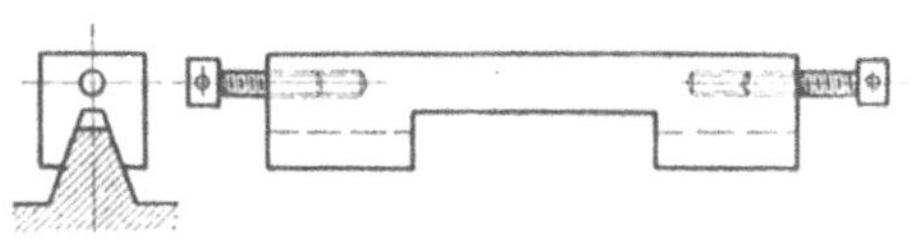

Fig. 26. Einstellineal.

Dann werden beide Teile auf den Dorn *D* gesteckt. Auf einer zweispindligen Senkrechtbohrmaschine werden unter Benutzung der Schablone *Sch* die 6 Schraubenlöcher gebohrt (Fig. 27). Nach Bohren der ersten

Löcher steckt man zur Verhütung der Verdrehung beider Kupplungshälften gegeneinander einen genau passenden Bolzen durch ein Loch.

Das Einarbeiten der Keilnuten geschieht auf einer Senkrechtstoßmaschine (Fig. 28). Zum Aufspannen benutzt man die entsprechend der Keilneigung abgeschrägte Aufspannplatte *P*. Die Kupplungshälften ruhen auf prismenartigen Unterlagen *U*, die auf *P* befestigt sind, und

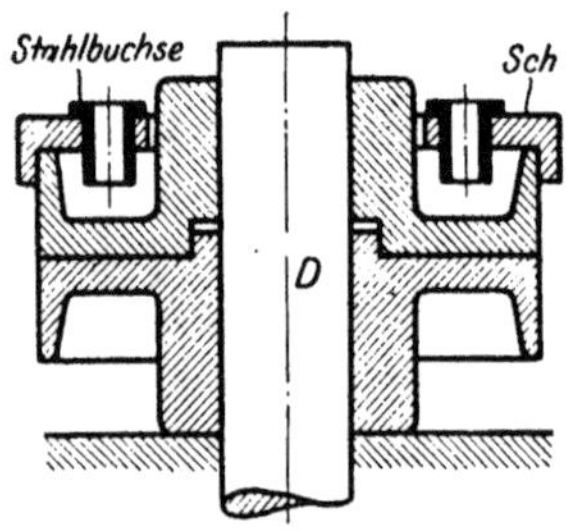

Fig. 27. Bohren und Reiben der Schraubenlöcher.

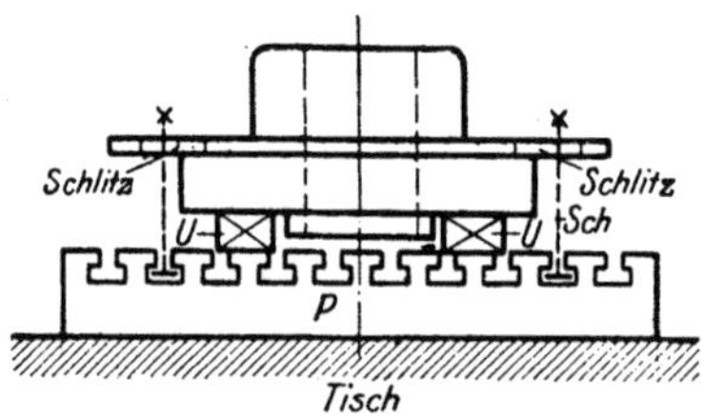

Fig. 28. Stoßen der Keilnut.

werden durch 4 Schrauben *Sch* und 2 Spanneisen festgehalten. Um ohne weiteres eine genaue Lage der zu bearbeitenden Kupplungshälfte zu bekommen, bringt man zweckmäßig an einer der Leisten *U* Anschläge an, gegen die der Zentrierring der Kupplungshälfte sich legt. Zur Kontrolle dienen Parallelendmaße.

Auf der Schleifbank (Drehbank) wird dann zum Schluß die zusammengebaute Kupplung an den Flächen *b* gefeilt und poliert. Zum Einspannen dient ein Dorn.

d) Ausdehnungskupplung.

Die Ausdehnungskupplung ähnelt in ihrem Aufbau der besprochenen Scheibenkupplung, auch hier je eine Nabe mit Scheibe, die mit je 3 Zähnen besetzt ist (Fig. 29—32). Zum Zentrieren hat Teil *I* einen Zylinder *C* (Fig. 29), der durch Rippen *r* mit den Zähnen verbunden ist, während *II* ohne Zylinder ausgeführt ist. Die Welle, auf der *II* sitzt, ragt aber über den Fuß der Zähne hinaus in *C* hinein.

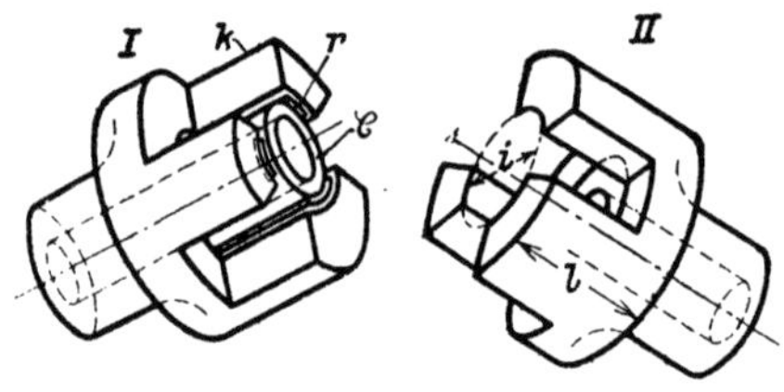

Fig. 29. Ausdehnungskupplung.

Die Zähne sollen aus dem vollgegossenen Ringe (Fig. 30 bis 32) herausgearbeitet werden.

Als erste Arbeitsmaschine verwendet man auch hier die Revolverbank mit Quersupport mit schwenkbarem Stahlhalter für 4 Stähle.

Die Hälfte *I* wird mit der Nabe eingespannt, die Bohrung *a* wird hergestellt, *b* und *c* werden geschruppt und geschlichtet.

Mit der bearbeiteten Fläche *c* wird dann *I* gegen die Planscheibe gespannt, es werden *d* und *e* bearbeitet. Auf gleiche Weise Teil *II*. Meß-

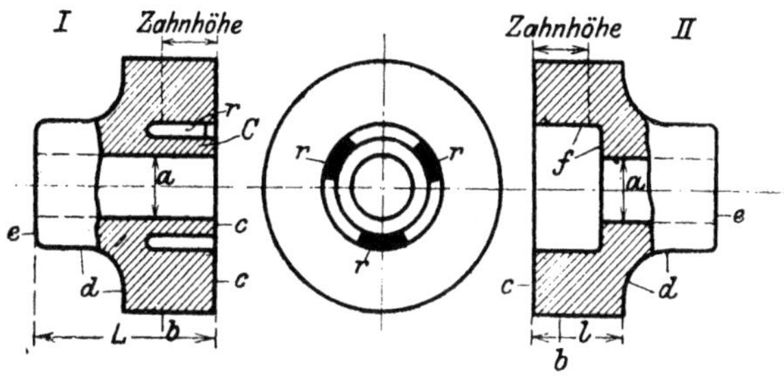

Fig. 30. Fig. 31. Fig. 32.

Fig. 30—32. Unbearbeitete Kupplung.

werkzeuge sind: Grenzkaliberdorn, Schublehre. *L* und *l* werden auf gleiche Weise genau hergestellt, wie bei der Scheibenkupplung erwähnt wurde.

Die Herstellung der Zähne kann durch Stoßen oder Fräsen erfolgen. Es möge hier das letztere Verfahren beschrieben werden. Als Maschine verwendet man dann eine Senkrechtfräsmaschine, als Werkzeug einen Schaftfräser (Fig. 33 u. 34).

Das Anreißen — $\sphericalangle$ 60° — kann mittels Einteilens in bekannter Weise geschehen oder mit Schablone *Sch*, die sich mittels des auswechselbaren Zapfens *Z* in der Bohrung der Kupplung zentriert. Die Kupplungshälften selbst sind zentriert durch den auswechselbaren Zapfen *B*, der in der Aufspannplatte *p* steckt, die sich mit einem zylindrischen Stück in *Y* zentriert. *Y* wird auf dem Maschinentisch befestigt.

Beim Anreißen der Zähne des Teiles *I* hat man darauf zu achten, daß die Rippen *r* in die Zahnmitte kommen.

Fig. 33.

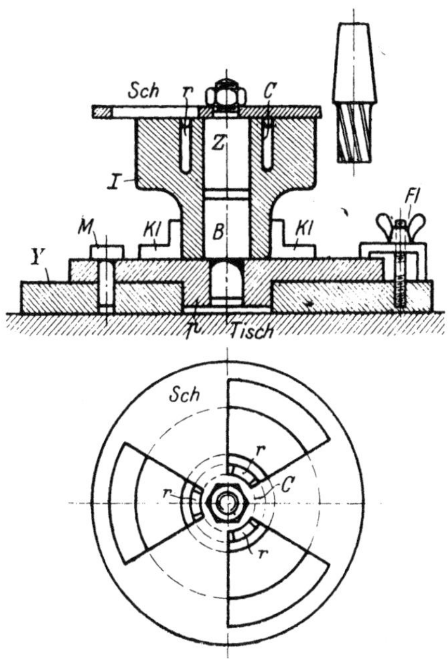

Fig. 34.

Fig. 33 und 34. Fräsen der Zähne.

Mittels des Reißstockes richtet man eine Zahnkante genau nach der Längsachse des Frästisches aus und spannt durch die Klauen *Kl* die Kupplung fest.

In *Y* befinden sich 6 gleichmäßig auf einen Kreis verteilte Löcher, in die der Bolzen *M*, der in *p* steckt, gebracht werden kann, so daß die Einstellung der anderen Zahnflanken leicht durch Drehen von *p* erfolgt.

Das Kippmoment beim Fräsen läßt sich durch Anbringen eines Winkels mit Flügelschraube *Fl* auf der Seite, wo der Fräser zu arbeiten beginnt, aufheben.

Während man bei *I* nicht durchfräsen kann — Zylinder *C* ist im Wege —, ist das bei *II* möglich.

Das Einstellen des Fräsers auf richtige Tiefe geschieht durch Parallelendmaße, die Kontrolle durch Speziallehre.

Die Zahnkanten *k* werden von Hand gebrochen.

Nach Einarbeiten der Keilnuten werden beide Hälften zusammen auf einen Dorn gebracht und auf der Schleifbank gefeilt und poliert.

Benutzt man zum Zentrieren einen Ring, der genau in die Bohrungen *i* (Fig. 29) beider Kupplungshälften paßt (Zylinder *C* fällt dann fort), so nimmt man die Bearbeitung der Zähne besser auf einer wagerechten Fräsmaschine mit einem Scheibenfräser vor.

e) Sellerskupplung.

Die Sellerskupplung (Peniger Maschinenfabrik und Eisengießerei) besteht aus der Hülse (Fig. 35), den Konen (Fig. 36) und 3 Schrauben mit quadratischem Schaft, auf deren Herstellung nicht eingegangen werden soll.

Bevor hier die Bearbeitung selbst behandelt wird, sei das Einformen der Hülse einer Sellers-Kupplung besprochen, die ein interessantes Beispiel dafür bietet, wie bei Verwendung einer Durchzugformmaschine

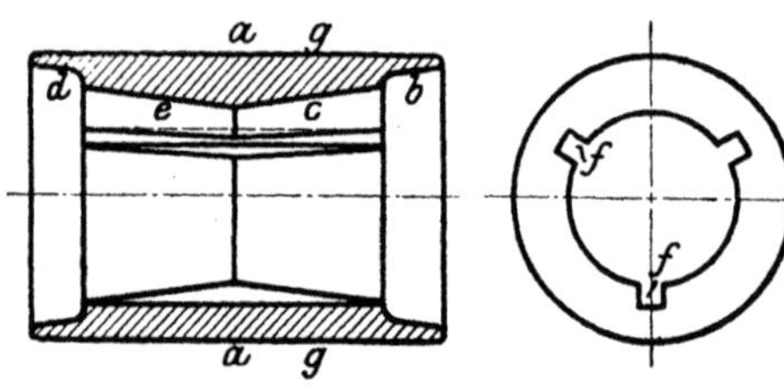

Fig. 35. Hülse der Sellerskupplung.

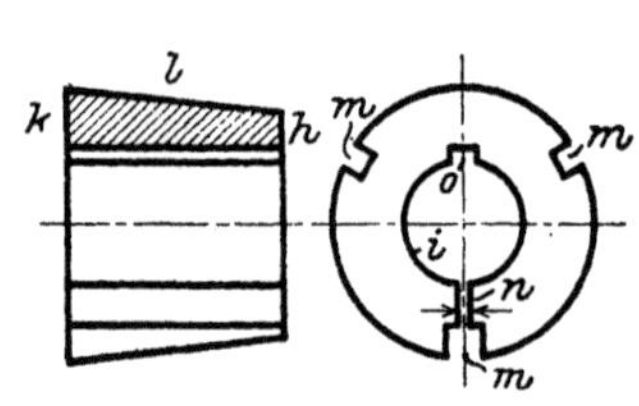

Fig. 36. Konus der Sellerskupplung.

die Benutzung eines besonderen Kernkastens gespart werden kann, indem das Metallmodell selbst die Bildung des Kernes gestattet. Die Durchzugplatte (Fig. 37) besteht hier aus 2 Teilen: der auf dem Maschinentisch selbst gelagerten Platte *D*, die auch die Stifte zum genauen Aufsetzen der runden Formkästen trägt, und der runden Platte *P*, die den Kern beim Durchziehen des Modells *M* stützt.

P faßt mit einem zylindrischen Ansatz in das obere Ende des gußeisernen Rohres *R*, das zur Stützung von *P* dient, und ist dort mit 3 Schrauben s_1 befestigt.

R ist im Innern sauber ausgebohrt und bietet so dem Zylinder *C* eine genaue Führung, mit dessen Hilfe das Durchziehen von *M* nach erfolgtem Einformen vor sich geht. Die Verbindung zwischen *M* und *C* erfolgt durch einen Bolzen *b*, der durch die Schraube *s* in seiner Lage gehalten wird. Die Abwärtsbewegung von *b* ermöglichen 2 Schlitze *S* in *R* (Fig. 37 u. 38).

Die Bewegung von *C* erfolgt mittels einer Zahnstange *Z*, die in *C*

Fig. 37.

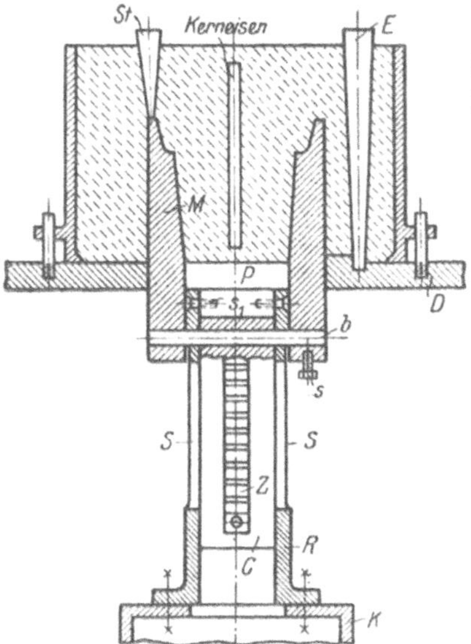

Fig. 37—41. Einformen der Hülse einer Sellers-Kupplung auf Durchzugformmaschine.

Fig. 39.

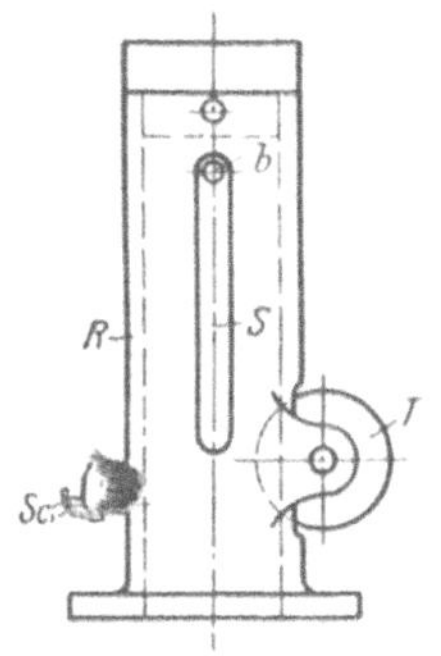

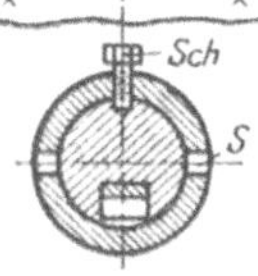

Fig. 38.

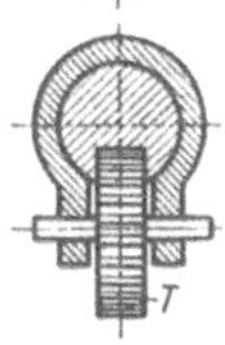

Fig. 40.

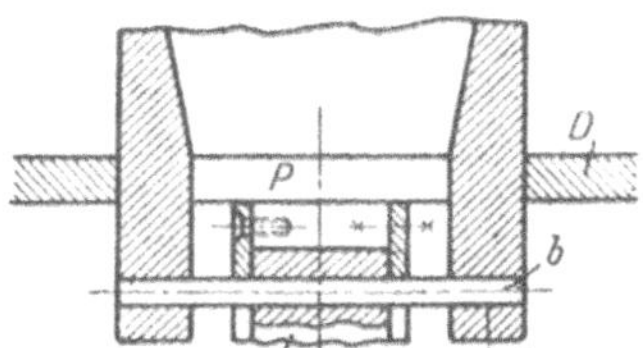

Fig. 41.

eingelegt ist, und eines Zahnrades *T*, das durch eine Kurbel gedreht werden kann (Fig. 39 u. 40).

Damit die Formmaschine für Hülsen von verschiedener Größe verwendet werden kann, sind *D* und *P* auswechselbar gemacht (Fig. 41). Um das Durchstecken des *M* und *C* verbindenden Bolzens *b* zu erleichtern, ist ein Drehen von *C* im Rohre *R* verhindert durch Anbringung einer Schraube *Sch* (Fig. 38 u. 39), die in eine Längsnut von *C* greift.

R findet seine Stütze auf einem hohlen Gußkörper *K*, der mit dem Maschinengestell verbunden ist.

Der Unterkasten wird ebenso eingeformt wie der Oberkasten, nur ohne Modell für Einguß *E* und Steiger *St*.

Fig. 42 zeigt die zusammengesetzte gießfertige Form.

I. Hülse (Gußeisen).

Die Reihenfolge der Bearbeitungen ergibt sich aus den in Fig. 35 eingeschriebenen Buchstaben *a*—*g*.

Die zuerst verwendete Maschine ist eine Revolverdrehbank mit Quersupport und Konuslineal (Fig. 43). Der Quersupport trägt einen vierfachen Stahlhalter *Qu*. Um den Umfang *a* ohne Umspannen schruppen und schlichten zu können, ist die Hülse mit verlorenem Kopf gegossen. Mit diesem Kopf wird sie in die selbstzentrierende Planscheibe *Pl* gespannt, die eine Bohrung in der Mitte besitzt zur Aufnahme des Zentrierdornes *C* (Fig. 44). Während *a* geschruppt wird (*Schr* in *Qu*), wird der „Schutzrand" mit dem Schruppstahl *Sch* (in *R*) bearbeitet. Dieser Rand hat konische Gestalt. Es muß deshalb der Stahl *Sch* außer der Längsbewegung noch eine Querbewegung machen. Das ist dadurch erreicht, daß an den Revolverkopf *R* eine Platte geschraubt ist, in deren Nut durch eine Schraubenspindel *Sp* der Stahlträger *S* verschoben werden kann.

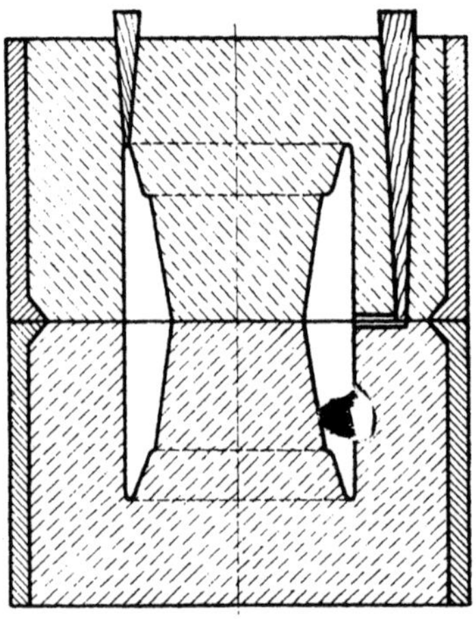

Fig. 42. Gießfertige Form der Hülse.

Das Schlichten des Schutzrandes erfolgt durch das in *R* eingespannte Formmesser *M*.

Mit dem Schruppstahl *St* in *Qu* und unter Verwendung des Konuslineals wird nun der Kegel ausgeschruppt, dessen genaue Gestalt durch den Konusfräser *F* in *R* hergestellt wird. Dann wird mit *Schl* in *Qu* der Umfang *a* geschlichtet.

Nach diesen Arbeiten wird mit dem Abstechstahl *A* (in *Qu*) die Hülse abgestochen.

In die Planscheibe wird der vorhin erwähnte Zentrierkonus *C* gebracht (Fig. 44), auf den die Hülse mit dem bearbeiteten Kegel gesteckt wird. Es vollziehen sich die Arbeiten *d* und *e*, wie oben angegeben.

Die Genauigkeit des Konus in der Hülse wird durch einen Normalkonus kontrolliert, der äußere Durchmesser durch Schublehre.

Das Einarbeiten der Nuten für die Schrauben, die um 120^0 gegeneinander versetzt sind, vollzieht sich auf einer wagerechten Stoßmaschine nach erfolgtem Vorzeichnen der Nuten.

Ich möchte zur Zeitersparnis folgende Konstruktion (Fig. 45—48) vorschlagen.

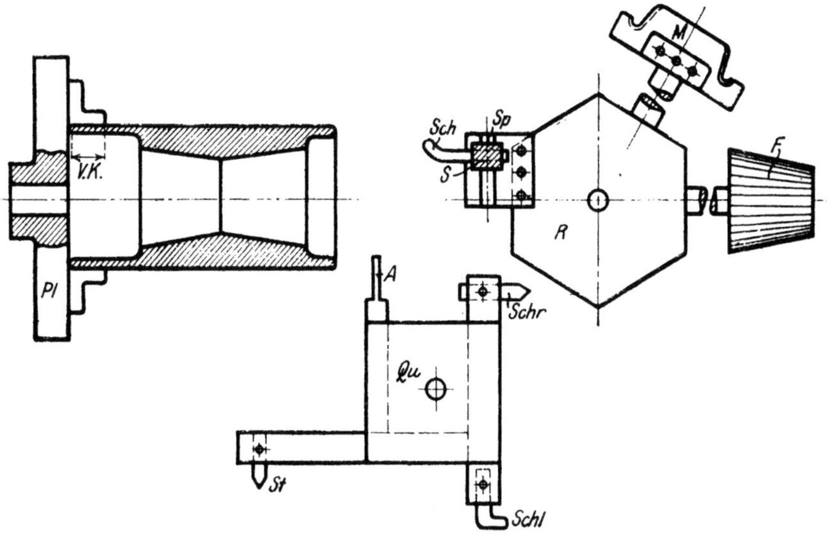

Fig. 43. Bearbeiten des Umfanges und Herstellen des einen Konus.

Um die Hülse wird ein kräftiger schmiedeiserner Ring *R* (Fig. 45) gelegt, in den unter ∢ 120° 3 längliche Löcher *L* gebohrt sind. *R* wird durch eine Schraube zusammengespannt. Die Hülse legt sich auf 2 Böcke *B*, die je nach der Länge der zu bearbeitenden Hülse eingestellt werden. An diesen Böcken befinden sich Leisten *K*, die die Längsstellung der Hülse begrenzen. Die Böcke *B* sind durch eiserne Stege *St* verbunden. In der Mitte von *St* befinden sich 2 Säulen *S*, die eine in Höhenrichtung — je nach dem Durchmesser der zu bearbeitenden Kupplung — einstellbare Traverse *X* tragen. *X* läßt sich leicht ein- und ausschwenken (vgl. Fig. 48). In *X* dreht sich eine Schraube *Sp*, deren Ende in die Schlitze des Ringes *R* paßt. Die Bearbeitung geht so vor sich: Traverse *X* ausgeschwenkt, Hülse mit Ring eingelegt, einer der drei Schlitze *L* nach oben gebracht, Traverse eingeschwenkt, Flügelmuttern angezogen, *Sp* in den Schlitz gedreht hält zugleich noch die Hülse fest. Nach vollzogener Herstellung einer Nute *Sp* gelöst, Hülse gedreht, bis der zweite Schlitz *L* unter *Sp* liegt usw. Die Löcher in *R* werden deshalb länglich gemacht, damit der Arbeiter beim Um-

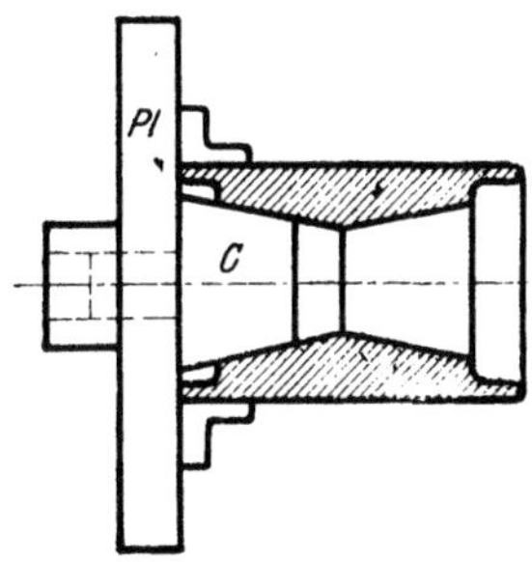

Fig. 44. Herstellung des II. Konus.

legen des Ringes nicht so sorgfältig auf Erzielung der genauen Mittellage des Ringes gegenüber der Hülse zu achten hat. Die Konstruktion muß natürlich so sein, daß der Ring sich drehen kann, ohne daß die Verbindungsstelle des Ringes an die Leisten *St* schlägt. Sonst wäre umständliches Aus- und Einschwenken der Traverse *X* nötig.

Fig. 45.

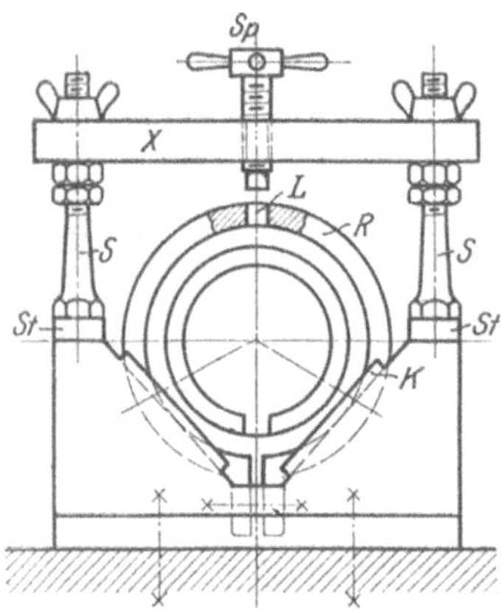

Fig. 46.

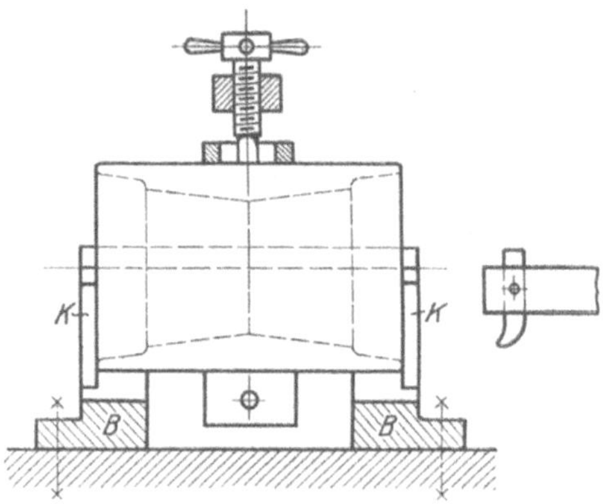

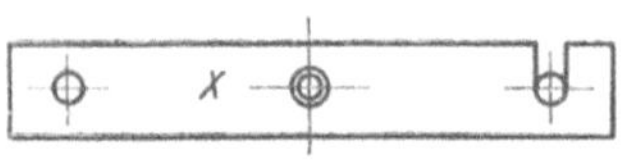

Fig. 48.

Fig. 45—48. Einarbeiten der drei Nuten.

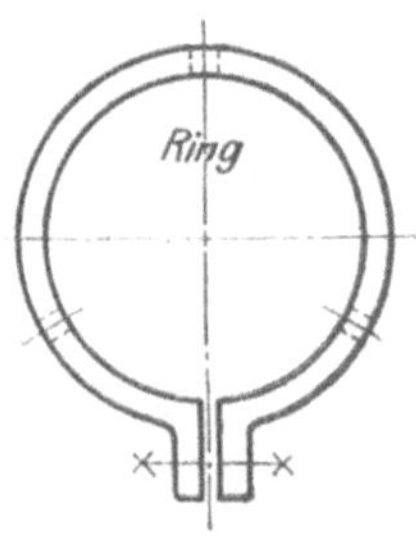

Fig. 47.

Es ist mit dieser Konstruktion das Vorzeichnen vermieden, und außerdem ist die Höhenlage der Hülse stets die gleiche.

Zum Messen bedient man sich des Tasters.

Die Schlußarbeit ist das Polieren der Hülse. Dies wird auf einer Drehbank vorgenommen. Als Aufspannvorrichtung benutzt man den in Fig. 49 dargestellten Dorn. Auf dem Dorn befindet sich ein fester Konus I. Auf dem Dorn verschiebbar ist Konus II, der durch eine Mutter festgespannt werden kann. Der Ring *Rg* ermöglicht noch ein Festspannen, wenn, wie hier angenommen, der Konus II nicht mehr über den Gewindeteil ragt.

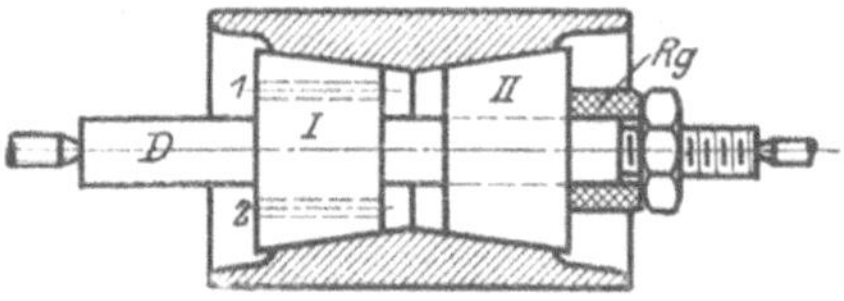

Fig. 49. Polieren.

Die Schraubenlöcher 1 und 2 dienen zum Lösen des Konus II. Als Werkzeuge dienen Feile, Polierholz und Poliermittel.

II. Konus (Gußeisen) (Fig. 36).

Auch der Konus ist allseitig zu bearbeiten. Von der Verwendung des naheliegenden Gedankens, einen verlorenen Kopf anzugießen, macht Penig keinen Gebrauch, sondern führt die Bearbeitung des Konus, ohne das Nuten, in drei Umspannungen durch.

Auch hier kommt, wie bei der Hülse, zuerst eine Revolverdrehbank mit Quersupport zur Verwendung (Fig. 50). Das Einspannen geschieht

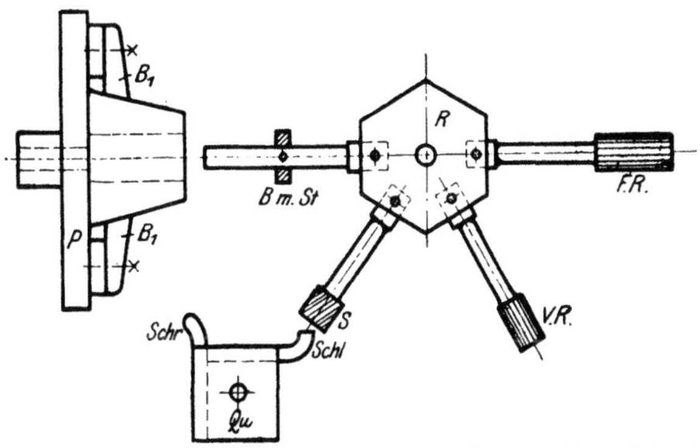

Fig. 50. Herstellen der Bohrung und Bearbeiten einer Stirnfläche.

zur Bearbeitung der Stirnfläche *h* und der Bohrung *i* auf einer selbstzentrierenden Planscheibe *P*, auf deren Klauen leicht auswechselbare Sonderbacken B_1 befestigt sind. Während *h* geschruppt und geschlichtet wird, wird die Bohrung mit den in Fig. 50 dargestellten, im Revolverkopf untergebrachten Werkzeugen, Bohrstange mit Stahl, Senker, Vorreibahle, Fertigreibahle, bearbeitet. Die Bohrstange führt sich in einem in der Mitte der Planscheibe vorhandenen Loche, das dazu bestimmt ist, bei der folgenden Arbeit den Zentrierbolzen *Z* aufzunehmen.

Nachdem bei dem ganzen zu bearbeitenden Satz von Konen die Flächen *h* und *i* hergestellt sind, werden die Backen B_1 gegen solche B_2 (Fig. 51) ausgewechselt. *Z* wird eingesteckt, und es folgt nun die Bearbeitung der zweiten Stirnfläche *k* durch Schruppen und Schlichten.

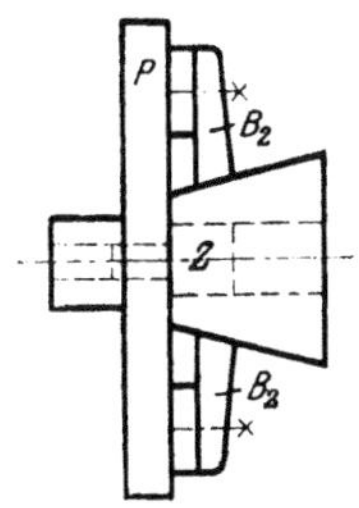

Fig. 51. Bearbeiten der II. Stirnfläche.

Als Meßwerkzeug für die Bohrung dient ein Toleranzkaliberdorn, für die Länge eine Schublehre. Die genaue Einstellung des Quersupportes auf Länge geschieht durch einen Anschlag auf dem Drehbankbett.

Fig. 52 stellt die Aufspannung dar, in der auf einer Zugspindeldrehbank mit Konuslineal der Konus außen geschruppt und geschlichtet wird (*l*, Fig. 36). Kontrolle erfolgt durch Lehre.

Das Einarbeiten der Nuten *m m* zur Aufnahme der Schrauben mit quadratischem Schaft vollzieht sich auf einer Wagerechtfräsmaschine nach Fig. 53 u. 54.

Die Konen hat man zu mehreren hintereinander auf einen genauen Dorn gesteckt, gegen dessen festen Bund sie sich legen; zusammengehalten werden sie durch eine Mutter. Da die Nuten um 120° gegeneinander versetzt sind, so genügt für die genaue Teilung eine auf dem Dorn befestigte Scheibe *Sch*, die drei entsprechend gebohrte Löcher trägt. Ein im festen Gestell verschiebbarer, in die Löcher der Scheibe zu bringender Stift *s* sichert die genaue Lage der Scheibe.

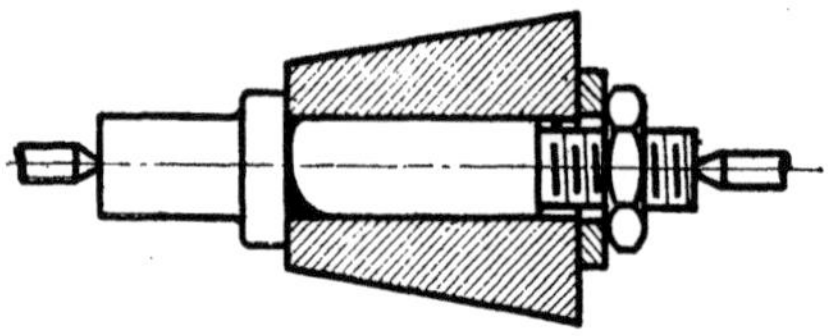

Fig. 52. Bearbeiten des Umfangs.

Nach einmal erfolgter genauer Einstellung des Fräsers vollzieht sich das Einarbeiten der Nuten sehr leicht. Kontrolle durch Taster.

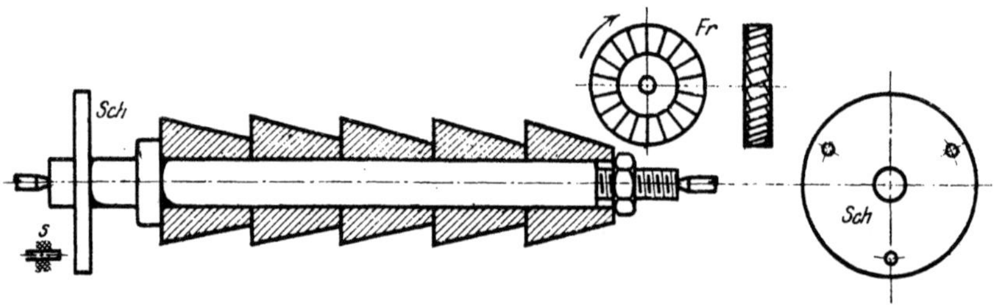

Fig. 53. Fig. 54.

Fig. 53 und 54. Einfräsen der äußeren Nuten.

Den Schlitz *n* (Fig. 36), durch den der Konus eine gewisse Federung bekommt, arbeitet Penig auf einer Wagerechtstoßmaschine ein. Der Schlitz *n* soll genau in der Mitte von *m* sitzen, die Lage von *m* gegen den arbeitenden Stahl soll ohne Probieren gefunden werden.

Ich möchte folgende Lösung vorschlagen: An einer Backe des verwendeten Parallelschraubstockes (Fig. 55) sind zwei Augen befestigt, in denen ein Bolzen gelagert ist; um diesen Bolzen ist mittels langer Führung drehbar eine Stange *St* von rundem Querschnitt, die mit einer Feder versehen ist. Auf *St* ist ein auswechselbares Stück *Sch* gesteckt, das einen Arm trägt, dessen Breite genau gleich der Breite der jeweiligen Nut *m* ist.

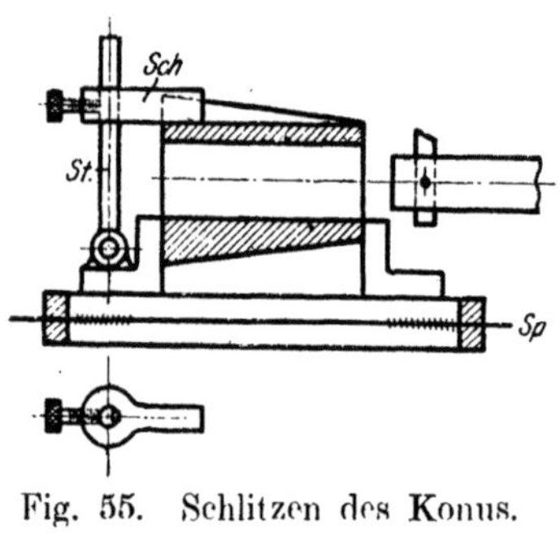

Fig. 55. Schlitzen des Konus.

Das Richtstück *Sch* kann auf Höhe genau eingestellt werden und wird durch die Schraube gehalten. Damit ist erreicht, daß die Höhenlage des Konus stets die gleiche ist und auch ohne weiteres die Mitte von *m* dem trennenden Stahle gegenüber liegt. Während des Hobelns wird *St* abgeklappt.

Genau dem Schlitz *n* gegenüber soll die Nut *o* angebracht werden. Auch hierzu nimmt Penig eine Wagerechtstoßmaschine.

Das Ziel, die genaue gegenseitige Lage von *n* und *o* zu erzielen, dürfte so zu erreichen sein. Nachdem der ganze Satz Konen mit Schlitzen *n* versehen ist, bringt man zwischen die Backen des Parallelschraubstockes ein ⊥-förmiges Eisenstück *W*, dessen senkrechter Steg, gleich der Breite von *m*, genau senkrecht zu den Backen des Schraubstockes ausgerichtet wird (Fig. 56 u. 57).

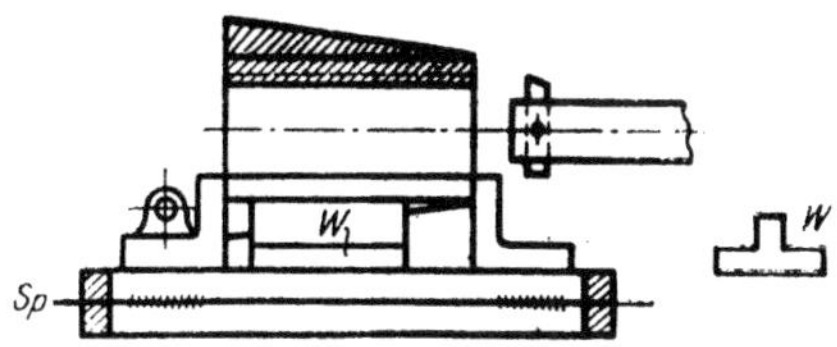

Fig. 56. Fig. 57.

Fig. 56 und 57. Einarbeiten der Keilnut.

Die Höhe des senkrechten Steges bietet eine Gewähr für stets gleiche Höhenlage. Bei dem auf *W* mit der Nut *m* (Schlitz *n*) gelagerten und zwischen die Backen gespannten Konus muß die Nut *o* genau gegenüber *n* zu sitzen kommen. Zum Messen gebraucht man Parallelendmaße.

Für die Herstellung der Schlitze *n* möchte ich noch folgenden Arbeitsgang, der vielleicht wirtschaftlicher ist, vorschlagen:

Nachdem die Bearbeitung auf der Drehbank beendet ist, wird auf der Wagerechtstoßmaschine zuerst die Nut *o* eingearbeitet. Zur Erzielung einer genauen Lage des Konus sind an einer der beiden Schraubstockbacken (Fig. 58 u. 59) zwei Leisten schräg angeschraubt, die den Konus nach Höhe und Seitenrichtung einstellen.

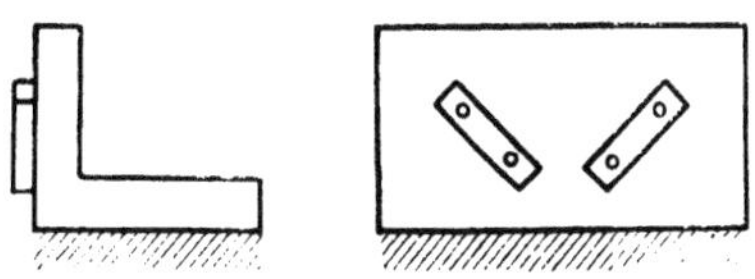

Fig. 58. Fig. 59.

Fig. 58 und 59. Aufspannvorrichtung für Herstellung der Keilnut.

Man steckt nun die Konen zu mehreren wieder auf einen genauen Dorn (Fig. 60—62), der eine Feder *F* besitzt, so daß alle Konen dieselbe Lage bekommen, und in den eine der Länge nach durchlaufende Nut *N* eingearbeitet ist, die *F* gerade gegenüber sitzt. Das Loch *l* der Teilscheibe *Sch* befindet sich auf demselben Radius wie die Feder *F*, so daß der eine Schlitz *m* gerade der Nut *o* gegenüber zu sitzen kommt. Nachdem auf bekannte Weise alle drei Nuten *m* gefräst sind, verschiebt man die die Einspannspitzen tragende Aufspannplatte *A* so, daß die der Feder *F* gegenüber liegende Nut *m* sich dem Schlitzfräser gegenüber befindet, der auf derselben Frässpindel angeordnet ist wie der Nutenfräser.

Das Festspannen der Konen auf dem Dorn mit einer Mutter ist

hier nicht durchzuführen, da die Mutter durchgefräst werden würde; es ist das Festspannen mittels Keils gewählt, der beim Schlitzen nicht im Wege sitzt.

Der Vorteil der oben beschriebenen Anordnung besteht darin, daß ein Umspannen, das trotz der vorhin besprochenen Hilfsmittel länger dauern wird, vermieden ist.

Allerdings kann man mit dem Nutenfräser bei der gewählten Anordnung so lange nicht arbeiten, wie der Schlitzfräser arbeitet. Will man auch diesen Zeitverlust vermeiden, so kann man 2 Dorne und 2 Paar Aufspannspitzen verwenden.

Man würde die genuteten Konen mit ihrem Dorn aus den ersten Spitzen nehmen, in die zweiten Spitzen vor den Schlitzfräser bringen

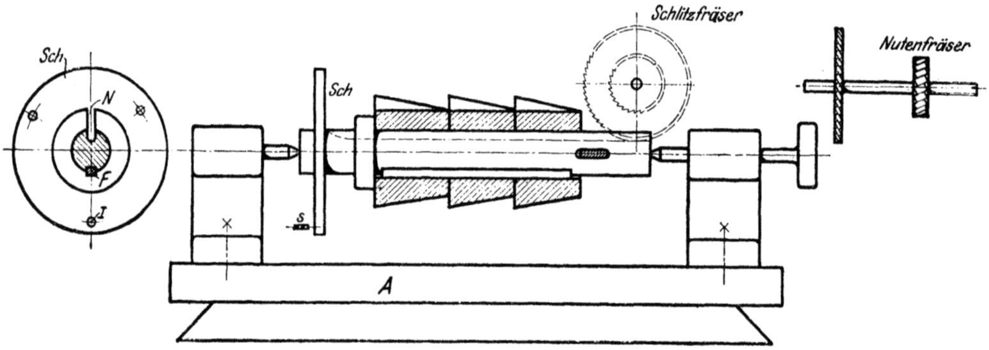

Fig. 60. Fig. 61. Fig. 62.

Fig. 60—62. Fräsen der äußeren Nuten und Schlitzen.

und den schon während des Nutens der jetzt zu schlitzenden Konen fertiggemachten zweiten Dorn zwischen die ersten Spitzen.

Die bis jetzt gegebene Beschreibung bezieht sich auf Kupplungen für Wellendurchmesser bis 100 mm. Darüber hinaus erfolgt im allgemeinen die Herstellung der Bohrung nicht mehr auf die angegebene Weise sondern durch Ausdrehen.

f) Kugelgelenk.

Ein interessantes Beispiel für Arbeiten von der Stange bietet die Kugel des Kugelgelenkes (Fig. 63), deren Herstellung ebenso wie die des zugehörigen Gelenkes mir von der Firma Richard Weber & Co., Berlin, zur Veröffentlichung zur Verfügung gestellt wurde. Die Firma fertigt die Kupplungen in neun Größen von 13—65 mm ∅ an.

I. Kugel.

Die Kugel besteht aus zwei Halbkugeln; an eine Halbkugel ist ein zylindrischer Zapfen angearbeitet, während die andere eine entsprechende

Bohrung bekommt. Durch einen durch die Zylinder getriebenen Stift werden beide Teile zusammengehalten. Nach zwei größten zu einander senkrecht stehenden Kreisen sind in die Kugel Nuten eingearbeitet, die zur Aufnahme des Gelenkes dienen.

Die Bearbeitung erfolgt auf einer selbsttätigen Revolverdrehbank mit zwei Quersupporten, von denen der eine den in Fig. 64 u. 65 dar-

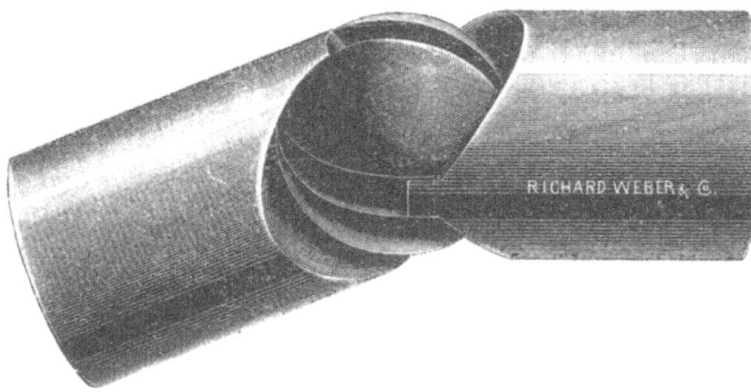

Fig. 63. Kugelgelenk von Richard Weber & Co.

gestellten Formstahl trägt, während der andere einen Formstahl zum Abstechen hat (Fig. 71).

Der Formstahl (Fig. 64) besteht aus drei Teilen: Teil I arbeitet die Halbkugel heraus, Teil II den Zylinder C, Teil III schlichtet die Endfläche.

Die Fig. 66, 67 u. 68 veranschaulichen die Herstellung des zylindrischen Loches durch Bohrer, Senker, Reibahle.

Fig. 64. Fig. 65.

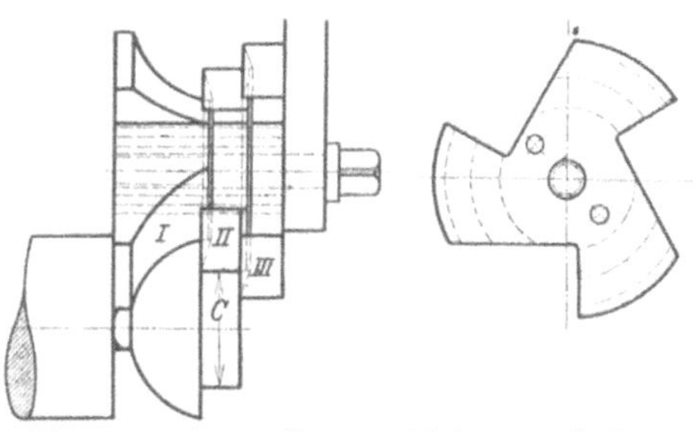

Fig. 64 und 65. Formstahl für die I. Kugelhälfte.

Aus Fig. 69 u. 70 geht die Herstellung der prismatischen Nut hervor, die zur Aufnahme des Gelenkes dient (Schruppen und Schlichten). Die als Stahlhalter verwendete Stange (Fig. 69) besitzt zwei seitliche Aussparungen, in die die Nutenstähle gelegt werden; in ihrer Lage werden die Stähle durch einen hinübergeschobenen Ring und Schrauben gehalten; zur Zentrierung dient ein mittels Konus in dem Stahlhalter befestigter Zapfen. Fig. 71 stellt das Abstechen mittels Formstahles dar.

Die Bearbeitung des anderen Kugelteiles geht aus den Fig. 72–76 hervor, sie ist ohne weitere Beschreibung klar. Durch Zusammenstecken der Teile A und B entsteht die Kugel (Fig. 77), in der eine Nut N vor-

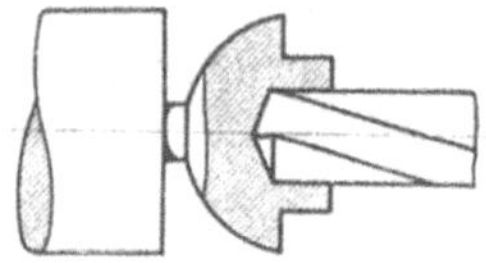

Fig. 66. Bohren des Loches mit Spiralbohrer.

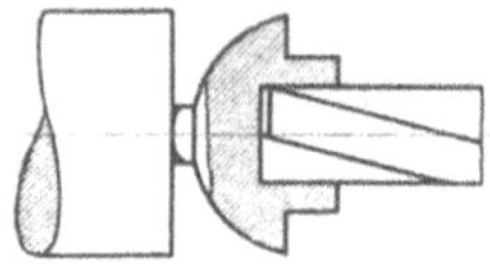

Fig. 67. Reiben des Loches mit Senker.

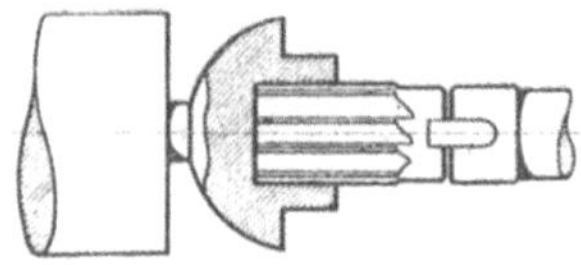

Fig. 68. Fertigstellen des Loches mit Reibahle.

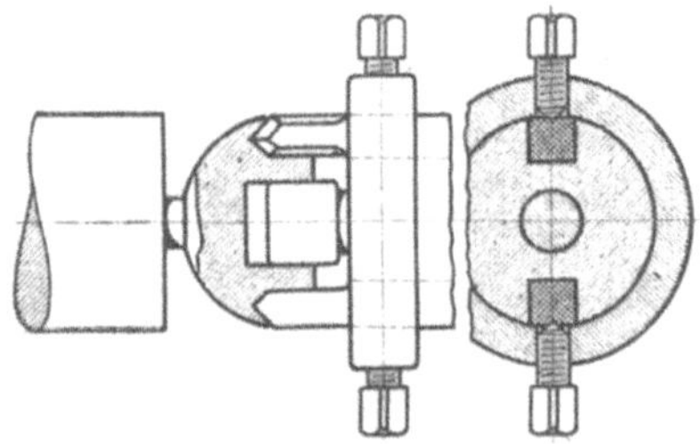

Fig. 69. Einschruppen der Ringnut mit Bohrstange.

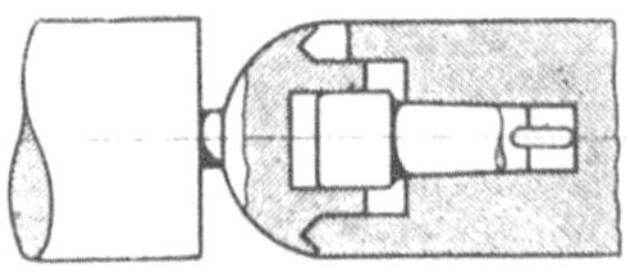

Fig. 70. Schlichten der Ringnut mit Bohrstange.

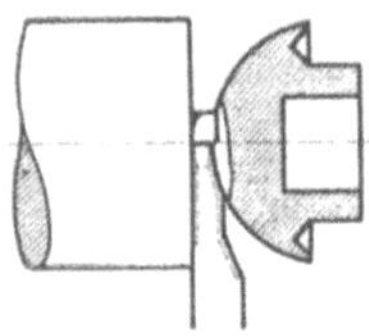

Fig. 71. Abstechen der fertigen Kugelhälfte.

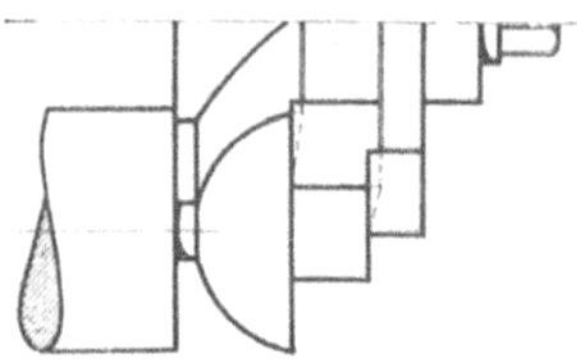

Fig. 72. Formstahl für die II. Kugelhälfte.

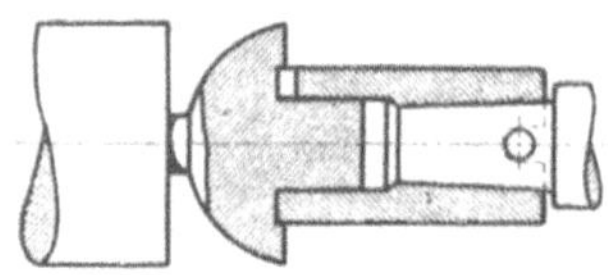

Fig. 73. Versenken mittels Formstahles.

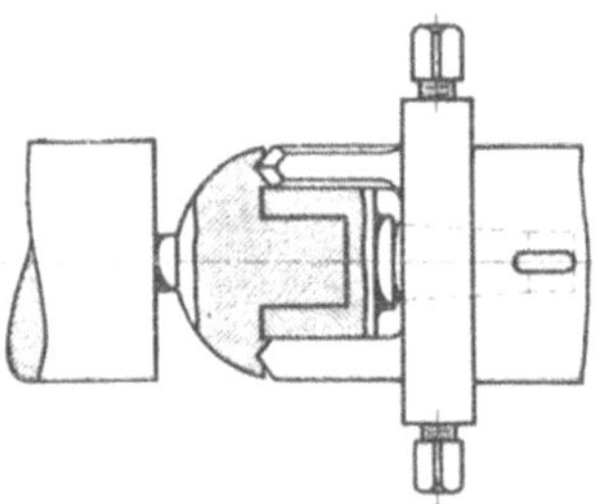

Fig. 74. Schruppen der Ringnut.

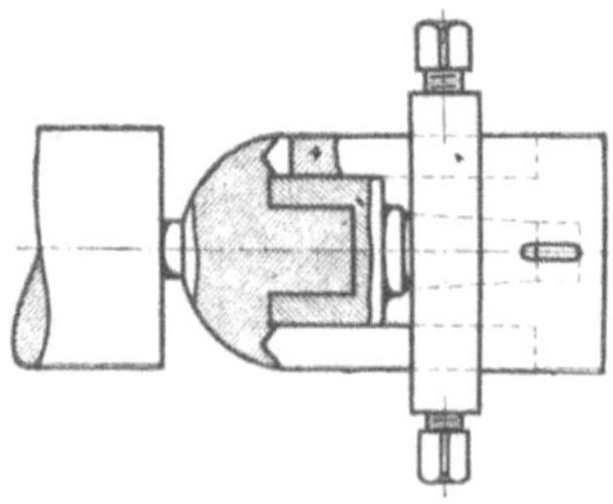

Fig. 75. Schlichten der Ringnut.

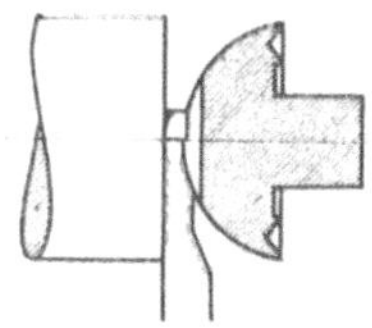

Fig. 76. Abstechen der II. Kugelhälfte.

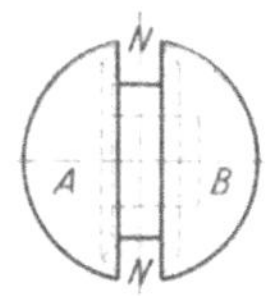

Fig. 77. Kugel zusammengesteckt.

Fig. 78.

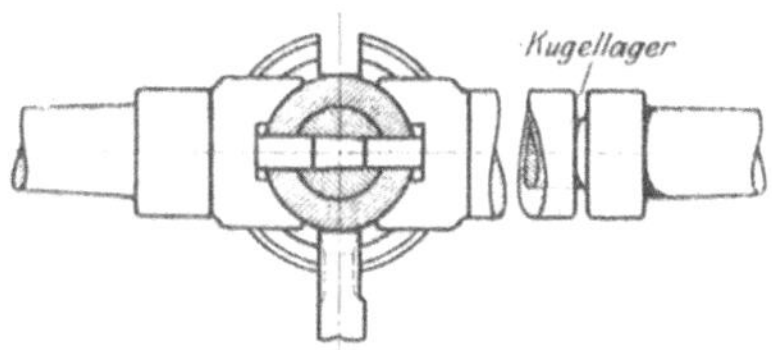

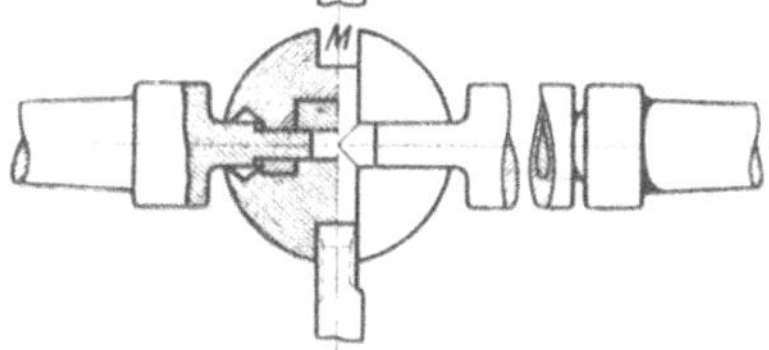

Fig. 79.

Fig. 80.

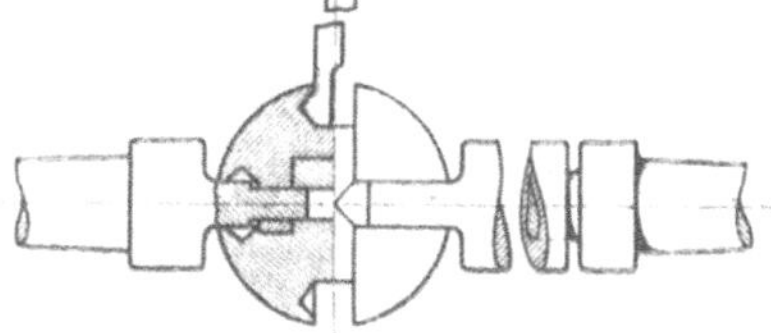

Fig. 81.

Fig. 78—81. Herstellung der zweiten Nut.

handen ist. Die Herstellung der zweiten Nut *M* (Fig. 78—81) geschieht auf einer Drehbank unter Verwendung der dargestellten Einspannvorrichtung. Diese Vorrichtung besteht aus je zwei Klauen von der Breite der Nut *N*, die in die Nut *N* hineinfassen. Um bei der Bearbeitung ein Verschieben von *A* gegen *B* zu verhüten und um zu zentrieren, läßt man die Klauen mit je einem zylindrischen Zapfen von rechts und links in beide Teile *A* und *B* (Fig. 77) hineingreifen.

Die dazu nötige Bohrung in *A* und *B*, die auch gleich zum späteren Zusammenhalten der Teile durch Eintreiben eines Stiftes dient, stellt man vielleicht mit der Bohrvorrichtung (Fig. 82 u. 83) her.

Zylinder *Z*, der mit der Grundplatte aus einem Stück besteht, ist am oberen Rande abgeschrägt, so daß die hineingelegte Kugel sich sofort zentriert. In zwei Schlitze von *Z* ist die Wand *W* gebracht, die genau die Breite

Fig. 82.

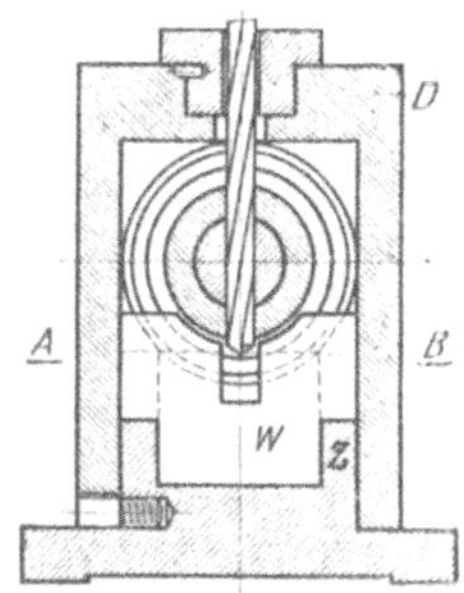

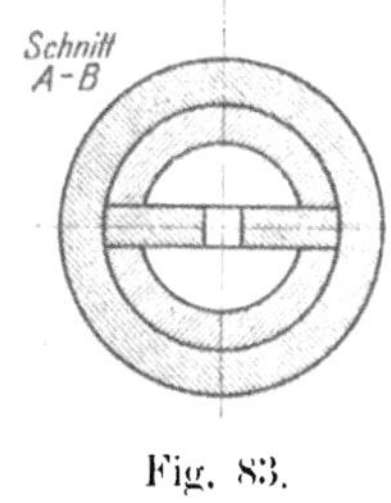

Fig. 83.

Fig. 82 und 83. Bohrvorrichtung.

von N hat; sie stellt die Kugel richtig ein und verhindert ein Mitdrehen beim Bohren, das nach Aufsetzen des Deckels D erfolgt.

Das Eindrehen der prismatischen Nuten geschieht mit Formstählen nacheinander. Die in Fig. 78—81 verwendeten Stähle sind in einem schwenkbaren Stahlhalter eingespannt. Die Kontrolle nimmt man mit Grenzlehren und Speziallehren vor.

II. Gelenk.

Die auf der Abstechmaschine abgeschnittenen Bolzen G werden zwischen die selbstzentrierenden Klauen der Planscheibe einer Revolverbank gespannt (Fig. 84). Leisten l zentrieren seitwärts, die Bohrscha-

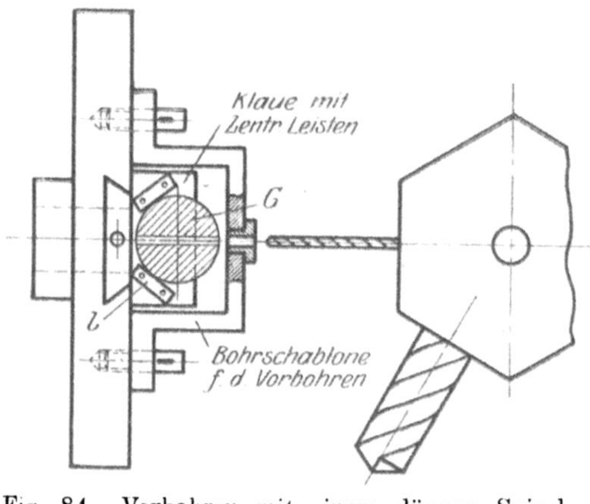

Fig. 84. Vorbohren mit einem dünnen Spiralbohrer und Fertigbohren mit dem großen Spiralbohrer.

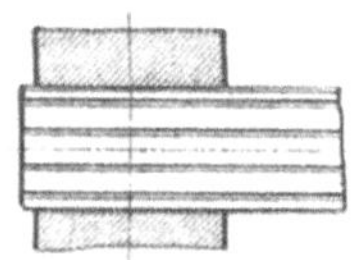

Fig. 85. Aufreiben des Loches mit Reibahle.

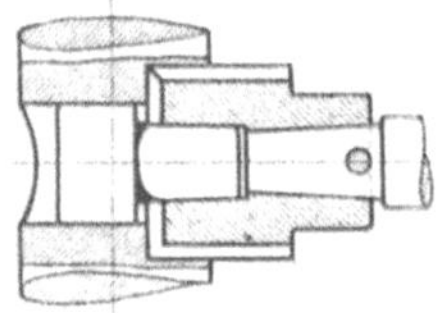

Fig. 86. Eindrehen der I. Ringnut mit Formstahl.

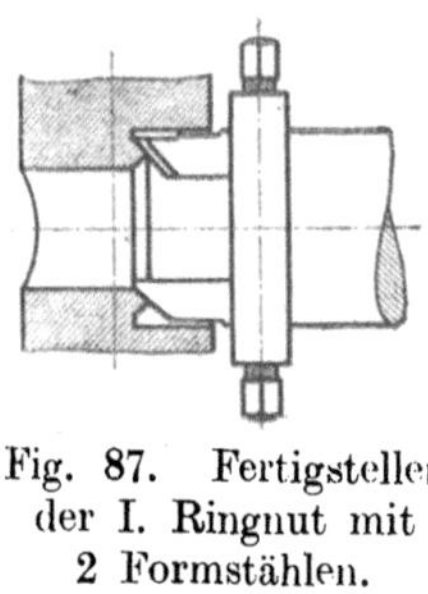

Fig. 87. Fertigstellen der I. Ringnut mit 2 Formstählen.

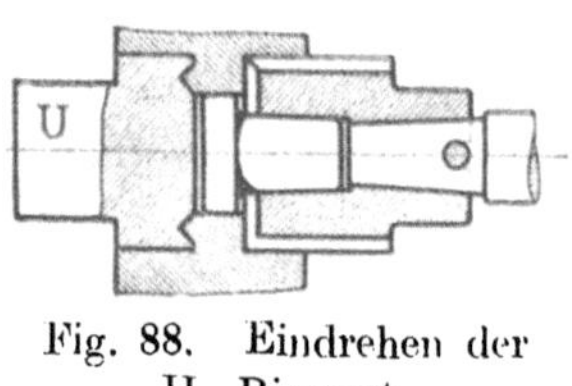

Fig. 88. Eindrehen der II. Ringnut.

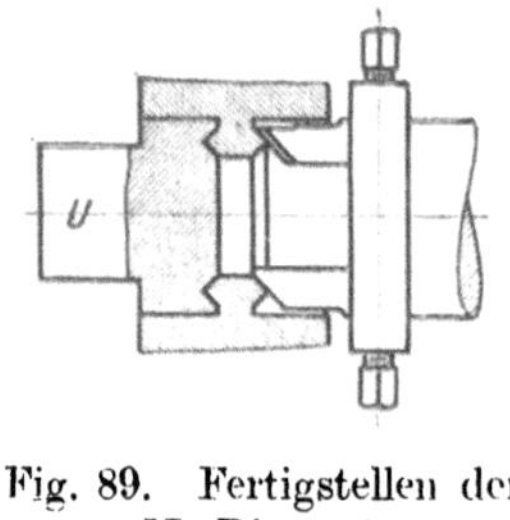

Fig. 89. Fertigstellen der II. Ringnut.

blone wird aufgekeilt und dann ein Führungsloch für den großen Spiralbohrer gebohrt. Dieses Loch wird durch den großen Spiralbohrer aufgebohrt.

Die folgenden Fig. 85, 86 u. 87 zeigen das Aufreiben der Bohrung und die Herstellung der prismatischen Ringnut auf der einen Seite.

Für die weitere Bearbeitung muß *G* umgespannt werden.

Zur genauen Zentrierung und zur Fernhaltung schädlicher Durchbiegungen unterstützt man *G* durch den Körper *U* (Fig. 88 u. 89), der genau in die prismatische Ringnut paßt und der seinerseits genau in der Planscheibe zentriert ist.

Die Kisden Gelenkhälften hängen nach der hier besprochenen Bearbeitung noch durch zwei dünne Bänder zusammen. Sie werden durch die Kreissäge getrennt. Die Schnittflächen werden gefeilt. Kontrolle durch Grenz- und Speziallehren.

Darauf dreht man die eine Kugelhälfte in die eine Gelenkhälfte ein und paßt die zweite Kugelhälfte ein. Bevor man aber beide Kugelhälften ganz zusammenschiebt, bringt man in den Spalt die andere Gelenkhälfte.

Ein durch beide Kugelhälften getriebener Stift hält die ganze Kupplung zusammen.

2. Vierteilige Lagerschale.

(Keine Massenfabrikation.)

Mit den Flächen *I I* (Fig. 91) findet die Lagerschale im Lager Auflager, während der Teil zwischen *I I* nicht bearbeitet zu werden braucht.

Die aus Gußeisen bestehenden Lagerschalen *a, b, c, d* (Fig. 90), die mit Weißmetall ausgegossen werden sollen, werden zunächst an den ebenen Flächen *I, I* durch Hobeln oder Fräsen bearbeitet. Die Aufspannung erfolgt auf ähnliche Weise, wie bei der Hülsenkupplung beschrieben wurde, nur wird man sich hier mit Holzunterlagen zur Unterstützung begnügen.

Fig. 90. Fig. 91.

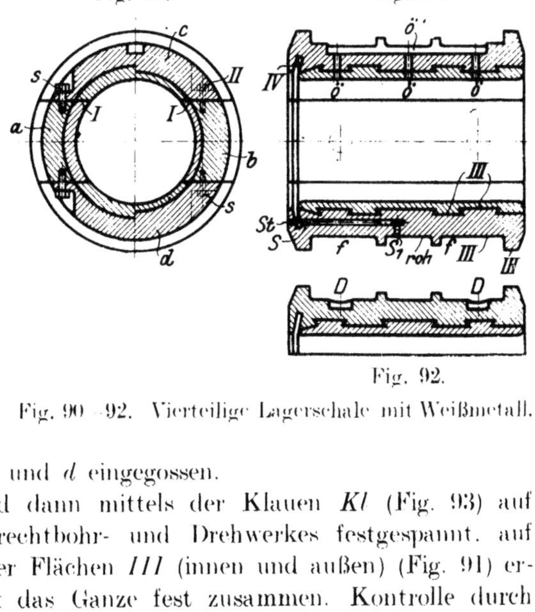

Fig. 92.

Fig. 90—92. Vierteilige Lagerschale mit Weißmetall.

In der Schlosserei werden dann die Löcher für die Schrauben *s* auf einer Senkrechtbohrmaschine gebohrt, in die Teile *a, b* wird Gewinde geschnitten, es werden die acht Kopfschrauben *s* eingezogen, die die vier Lagerschalenteile zusammenhalten. Die für *s* nötigen Aussparungen sind in *c* und *d* eingegossen.

Die Lagerschale wird dann mittels der Klauen *Kl* (Fig. 93) auf dem Tisch eines Senkrechtbohr- und Drehwerkes festgespannt, auf dem die Bearbeitung der Flächen *III* (innen und außen) (Fig. 91) erfolgt. Eine Schelle hält das Ganze fest zusammen. Kontrolle durch

Schublehre und Taster. Die Nut IV, die ebenfalls hier hergestellt wird, dient zum Auffangen des ablaufenden Schmieröles.

Zur vollständigen Bearbeitung ist Umspannen nötig. Fig. 95 zeigt den zum Zentrieren verwendeten Zapfen.

Nun werden die Schalen wieder auseinandergenommen, um die Arbeiten vorzunehmen, die ein Sichmitdrehen des Weißmetalingsährend des Betriebes verhindern sollen. Dazu kann man entweder Längsnuten einhobeln oder billiger auf einer Senkrechtbohrmaschine einige Löcher von 15 mm ∅ und einigen mm Tiefe in die Schalen bohren.

Zum Ausgießen bringt man die Schalen in die in Fig. 96 u. 97 skizzierte Vorrichtung.

In U zentrieren sich die Schalenteile und der als Kern dienende

Fig. 93.

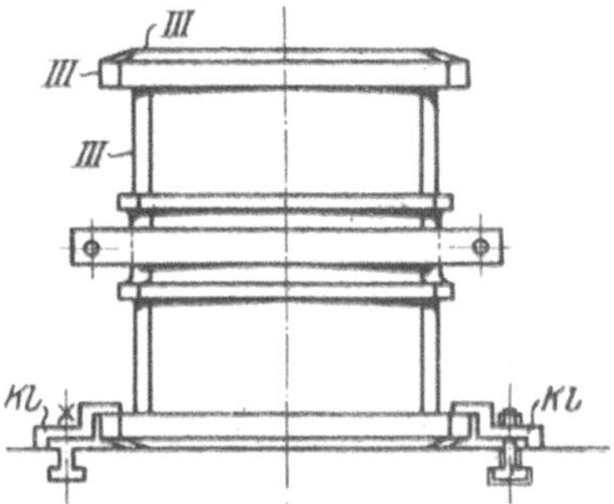

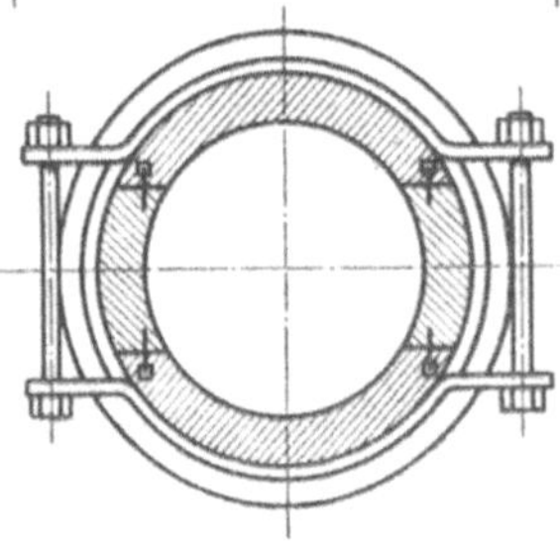

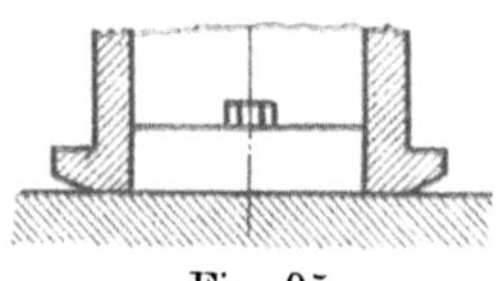

Fig. 95.

Fig. 96.

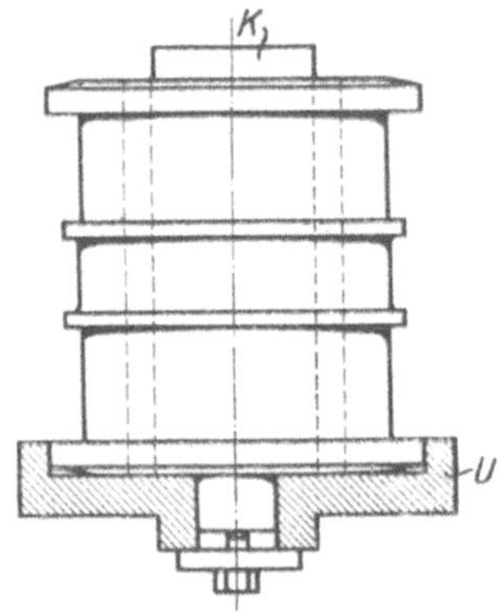

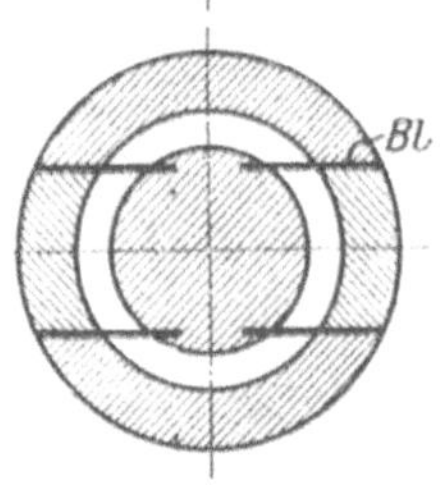

Fig. 97.

Fig. 93—95. Schruppen von Umfang und Bohrung.

Fig. 96 und 97. Ausgießen mit Weißmetall.

Bolzen K. Vier Blechstreifen Bl, die zwischen den Schalen liegen und auch in K eingreifen, verhindern ein Zusammenfließen des Weißmetalles. Die Nut IV (Fig. 91) ist zuvor mit Lehm ausgeschmiert.

Auf dem Senkrechtbohr- und Drehwerk erfolgt dann in gleicher Aufspannung wie oben das Ausdrehen auf genauen Durchmesser und die genaue Bearbeitung der Flächen *f*. Als Kontrollwerkzeuge dienen Grenzlehren.

Auf einer Senkrechtfräsmaschine wird dann die Ölrinne *ö'* gefräst, auf einer Senkrechtbohrmaschine werden die Schmierlöcher *ö*, *S* und S_1 gebohrt.

Die Öffnung von *S* in dem Kragen wird durch einen Stopfen *St* verschlossen, ist deshalb vorher noch von Hand mit Gewinde zu versehen.

Die Herstellung der Schmiernuten erfolgt auf einer Nutenziehmaschine. Die Flächen *D* (Fig. 92), die zur Aufnahme der Stellschrauben dienen, werden gehobelt oder, wie hier angenommen, auf einer Senkrechtfräsmaschine gefräst.

Werden viele derartige Lagerschalen hergestellt, so empfiehlt es sich, die Schmiernuten statt auf der Nutenziehmaschine, die Bedienung

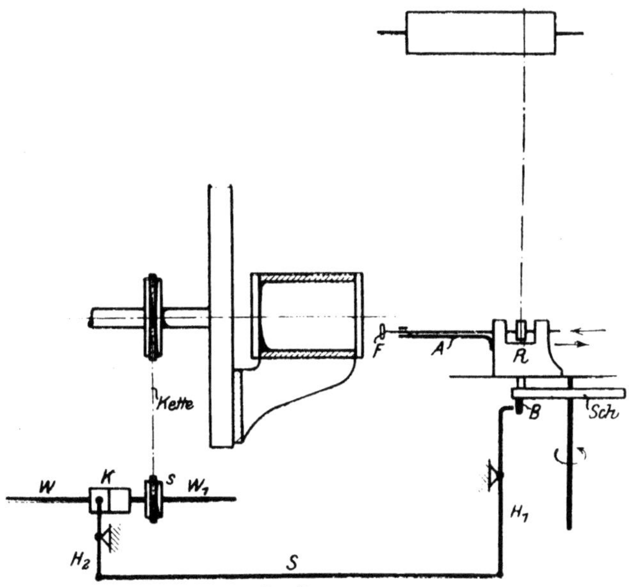

Fig. 98. Einarbeiten der Schmiernuten auf einer Sonderfräsmaschine.

erfordert, auf einer automatisch arbeitenden Maschine vorzunehmen, deren Wirkung wir uns am besten aus einer gewöhnlichen Drehbank erklären können. Als Werkzeug dient ein sehr kleiner Fräser für halbkreisförmige Profile. Die Schalen werden in einer Aufspannvorrichtung, ähnlich der bei der Hülsenkupplung verwendeten, gegen die Planscheibe gespannt (Fig. 98). Statt des Reitstockes ist ein Bock *R* aufgesetzt, der eine Welle stützt, auf der sich eine kleine Riemenscheibe befindet, die von einem Schleiftrommeldeckenvorgelege angetrieben wird. Auf dem freien Ende der Welle, durch den auskragenden Arm *A* unterstützt, sitzt der Fräser *F*. Zur Erzeugung der nach Schraubenlinien verlaufenden Schmiernuten ist also nur nötig: Drehung der Planscheibe, abgeleitet von der ständig laufenden Welle W unter Vermittlung einer Reibungskupplung K und eines Kettenrades s, die auf W_1 sitzen, und Verschiebung von R. Da aber ein Teil der Nuten auch geradlinig verläuft, so muß die Bewegung der Planscheibe dann ausgeschaltet werden. Die Verschiebung von R geschieht durch eine Scheibe *Sch*, die mit Rillen versehen ist, die nach entsprechend ausgebildeten Kurven verlaufen. In die Rillen hinein ragt ein Stift, der an R befestigt ist.

An den Stellen, wo die Drehung der Planscheibe aufhören soll, befinden sich an der Unterseite von *Sch* Kurvenstücke B, die unter Vermittlung der Hebel H_1, H_2 und der Zugstange S die Kupplung K ausrücken. Es wird dann nur R bewegt. Durch die Verschiebung von S wird auch eine Bremse betätigt, die gegen den als Bremsscheibe ausgebildeten Rand von s drückt und so die Planscheibe sicher festhält.

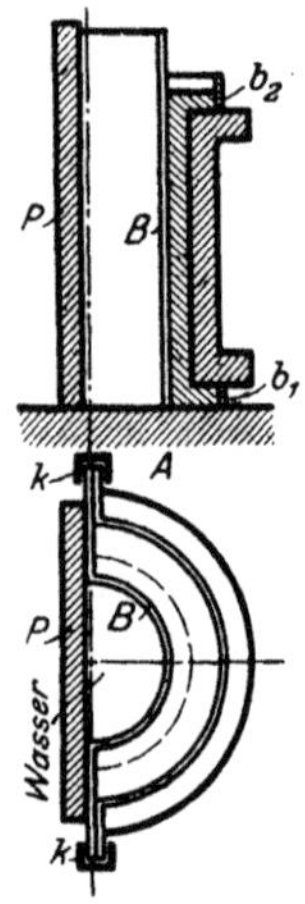

Fig. 99 und 100. Ausgießen einer Lagerschale.

Nach Herstellung der Nut rückt sich der Antrieb von *Sch* selbsttätig aus.

Will man beim Ausgießen von Lagerschalen das Weißmetall über den Rand der Lagerschalen bringen, so verwendet man die in den Fig. 99 u. 100 dargestellte Vorrichtung.

Der Kern wird hier durch ein halbzylindrisch gebogenes Blech B gebildet, das sich mit zwei ebenen Flächen gegen eine kräftige, senkrecht gehaltene Platte P legt. Entsprechend halbkreisförmig gebogene Bleche b_1 und b_2, von denen b_1 etwas breiter ist, als die Dicke der Weißmetallschicht betragen soll, während b_2 größere Höhe haben kann, sind durch Klammern k mit B verbunden. Das Ganze steht auf einer eisernen Platte A. Zwischen b_1 und b_2 befindet sich die auszugießende Schale. Kleinere Spalte zwischen den einzelnen Teilen werden mit Lehm verschmiert, so daß das Weißmetall nur den Zwischenraum zwischen B b_1 b_2 und der Schale ausfüllt. Zur schnellen Abkühlung und Erstarrung wird in den durch P und B gebildeten Hohlraum Wasser gegossen.

Sodann seien noch zwei Lagerschalen für schwer belastete Kurbelwellen besprochen.

Beide Lagerschalen (Fig. 101—104) sind mit Weißmetall ausgegossen. Bei der einen (Fig. 103 u. 104), ist künstliche Kühlung und bei der anderen (Fig. 101 u. 102), besonders sorgfältige Schmierung vorgesehen.

Fig. 102 läßt erkennen, daß die Schale nicht auf ihre ganze Länge mit Weißmetall ausgegossen ist, sondern daß in der Mitte ein Ring R freigelassen ist, in dem sich eine Öffnung $ö$ befindet. In diese Öffnung wird eine Röhre geschraubt, die mit der Preßölleitung in Verbindung steht. Bei dieser Art der Schmierung erübrigt sich das Einarbeiten von Schmiernuten.

Der Rand der Lagerschale auf der Seite, wo der Kurbelarm vorbeigeht. ist aus einer besonders angeschraubten Rotgußscheibe gebildet.

Interessant sind auch die Ausklinkungen $a\,a$. Sie haben den Zweck. bei einem notwendig werdenden Abbauen den die Lagerschale aus ihrem Lager heraushebenden Werkzeugen einen guten Halt zu gewähren.

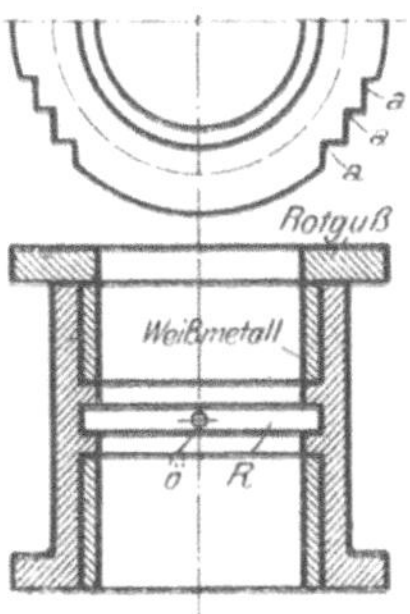

Fig. 101 und 102. Lagerschale mit Loch für Schmierrohr und Ausklinkungen für Abbauen.

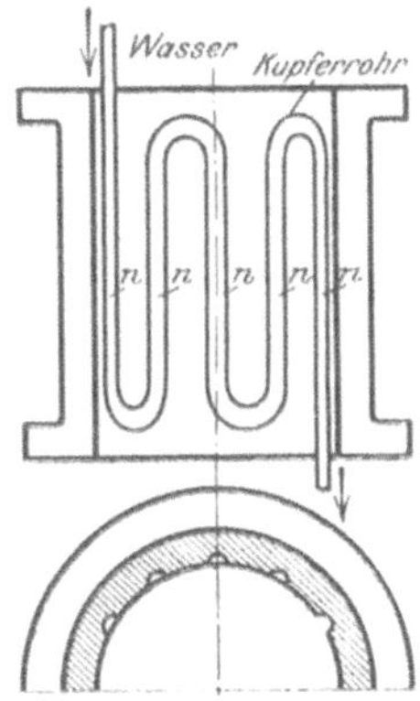

Fig. 103 und 104. Lagerschale mit Wasserkühlung.

Die künstliche Kühlung der zweiten Lagerschale (Fig. 103 u. 104) geschieht durch einen Wasserstrom, der die Schale durchfließt. Das ist so erreicht:

In die gußeiserne Schale sind innen schlangenförmig verlaufende Nuten $n\,n$ eingegossen. In diese Nuten wird ein entsprechend gebogenes Kupferrohr gehämmert. Nach Einlegen des Kupferrohres wird die Schale mit Weißmetall ausgegossen.

3. Schmierring.

Der Schmierring aus Gußeisen. dessen Bearbeitungsgang in den Fig. 107—120 dargestellt ist. ist ein sogenannter fester Schmierring. der sich mit der Welle dreht. auf die er durch 2 in x. x liegende Spiralfedern festgedrückt wird (Fig. 105 u. 106). Er besteht aus den beiden Teilen *I* und *II*. die ursprünglich ein Ganzes bildeten und erst nach Erledigung eines Teiles der Bearbeitung getrennt werden, wozu die Sprengnähte eingegossen sind.

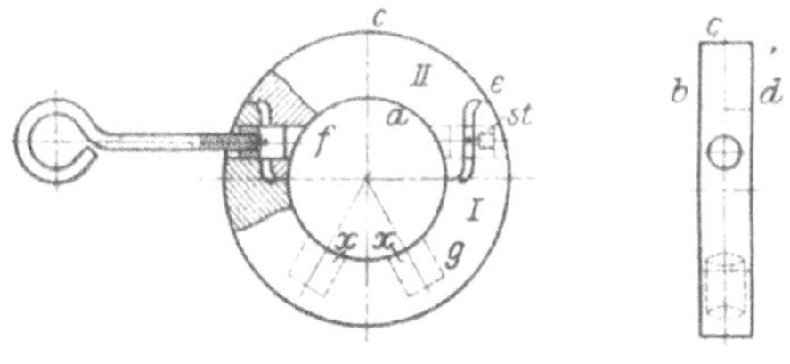

Fig. 105. Fig. 106.

Fig. 105 und 106. Zweiteiliger fester Schmierring.

Die in die Fig. 105 u. 106 eingeschriebenen Buchstaben *a* bis *g* lassen die Reihenfolge der Bearbeitungsstufen erkennen, von denen sich die ersten, die die Bearbeitung der Bohrung, des Umfanges und der Stirnflächen zum Zwecke haben, auf einer Leitspindeldrehbank vollziehen, deren Support mit einem 4fachen Stahlhalter ausgerüstet ist (Fig. 107).

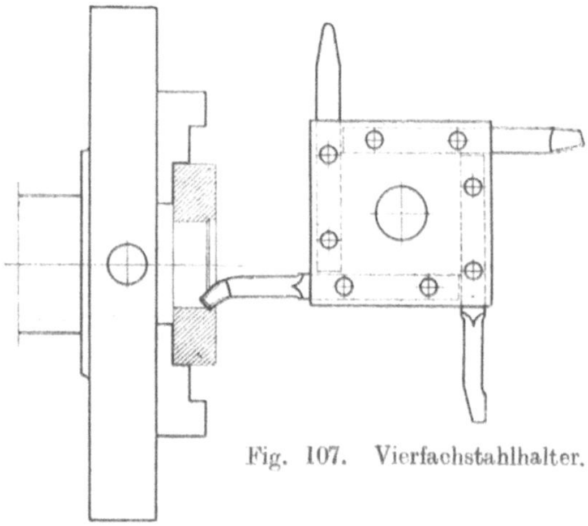

Fig. 107. Vierfachstahlhalter.

Zum Bearbeiten des Umfanges und der zweiten Stirnfläche wird der Ring auf einen expandierenden Dorn gebracht (Fig. 108 u. 109, der auf die Spindel der Drehbank geschraubt ist. Zum Lösen dient die Ringmutter *R*, die mit entsprechenden Schlitzen versehen ist.

Als Meßwerkzeuge dienen für die Bohrung und die Breite Grenzlehren, für den Umfang Schublehre. Es folgt nun das Sprengen des Ringes (Fig. 110—112).

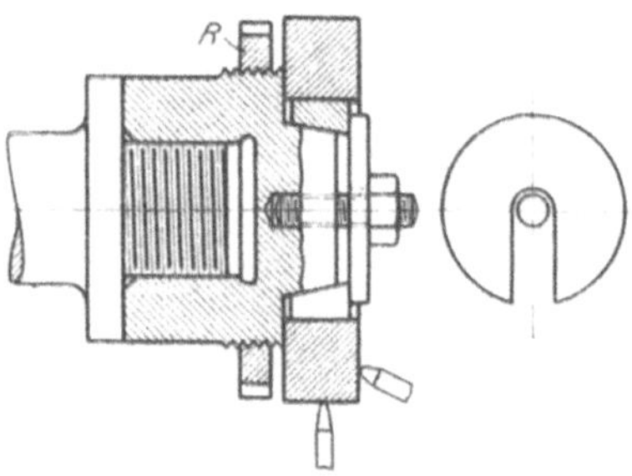

Fig. 108 und 109. Expandierender Dorn.

Das Sprengen wird so vorgenommen, daß in den Ring 2 Beilagen *B*, *B* gelegt werden, die sich mit ihren Außenflächen der Ringbohrung anpassen, während die gegenüberstehenden Flächen der Beilagen gegensätzlich abgeschrägt sind, so daß ein mit Maschine betätigter Keil *K* die Beilagen auseinandertreibt und dadurch der Ring getrennt wird. Der Keil wird entweder durchgezogen oder durchgedrückt. Bei beiden Verfahren wird die dazu nötige Kraft von einem Schneckengetriebe abgenommen. Da beim Durchziehen der Keil mit der ihn betätigenden Schraubenspindel aus einem Stück besteht, so ist nach erfolgter Sprengung des Ringes eine längere Zeit nötig, bis der Keil nach Umsteuern des

Schneckentriebes sich soweit wieder gehoben hat, daß ein neuer Ring aufgelegt werden kann.

Das fällt beim Durchdrücken des Keiles fort, da hierbei eine feste Verbindung zwischen der Druckspindel *Sp* und Keil *K* nicht besteht.

Die Arbeitsweise dieser Sprengmaschine ist folgende:

Der Ring findet sein Auflager auf der bearbeiteten Fläche eines Schiebers *P*, der zwischen 2 auf den Arbeitstisch *T* aufgeschraubten Linealen geführt wird.

P sei nach links gezogen. Zwischen die in den Ring gelegten Beilagen ist der Keil gesteckt, so daß er sich mit seinem prismatischen unteren Teil in einem in *P* befindlichen rechteckigen Schlitz *l* führt.

P wird so weit nach rechts geschoben, daß der Stift *s* in ein in die Tischplatte gebohrtes Loch faßt. Dann wird die Schnecke in Bewegung gesetzt.

Nach erfolgter Sprengung

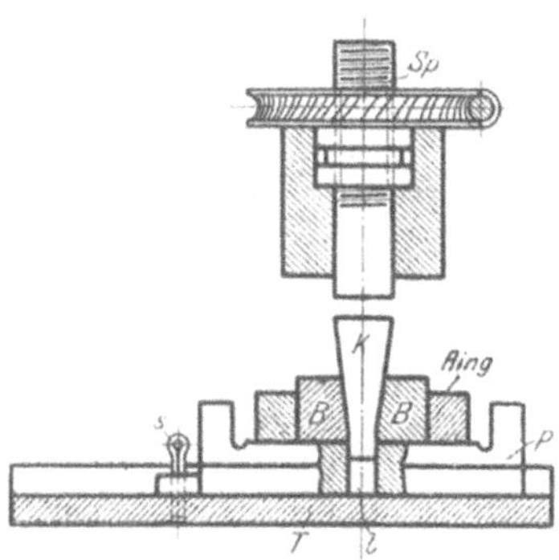

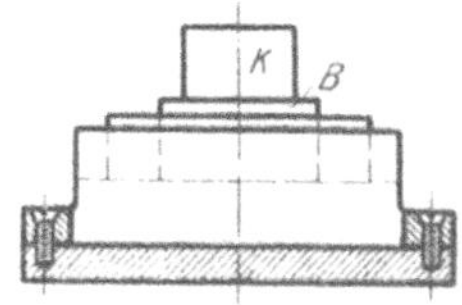

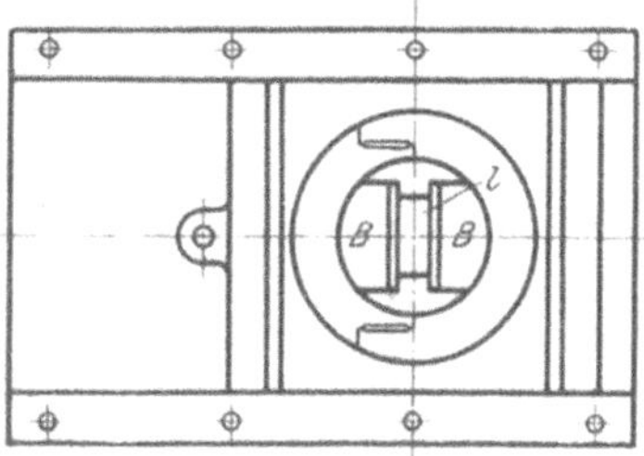

Fig. 110—112. Sprengeinrichtung für die Ringhälften.

wird die Schnecke umgesteuert, *P* wird nach links gezogen, was ohne weiteres möglich ist, da *K* in dem Schlitz *l* hinuntergerutscht ist. Eine Reibungskupplung, die in den Antrieb eingebaut ist, verhindert, falls der bedienende Arbeiter einmal nicht aufpassen sollte, ein Zubruchgehen der Maschine sowohl beim Niedergange von *Sp* als auch beim Aufwärtsgange.

An diese Arbeit schließt sich das Bohren der beiden Löcher *f*, die zur Aufnahme der die Ringteile später verbindenden Bolzen dienen (Fig. 113—117).

Als Arbeitsmaschine wird eine senkrechte 2spindlige Bohrmaschine verwendet, deren eine Spindel einen Spiralbohrer betätigt, während in der anderen eine Reibahle steckt.

Die Aufspannung des Ringes erfolgt in einem *U* förmigen Bohrkasten *U* aus Gußeisen, der ein Bohren beider Löcher ohne Umspannen des Ringes gestattet.

Beim Aufspannen steht der Bohrkasten auf den vier Füßen *a a*. Die beiden Ringteile werden in der aus Fig. 113 sichtbaren Weise auf die

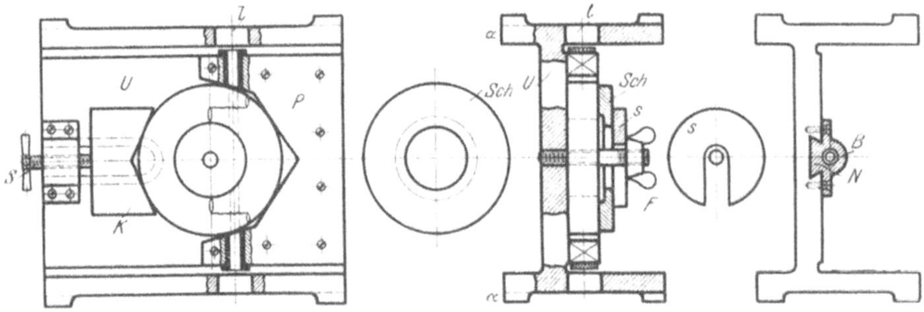

Fig. 113—117. Bohrkasten für die Ringhälften.

bearbeitete Fläche von *U* gelegt, so daß das kleinere Stück sich gegen die prismatisch ausgesparte Stahlplatte *P*, die mittels versenkter

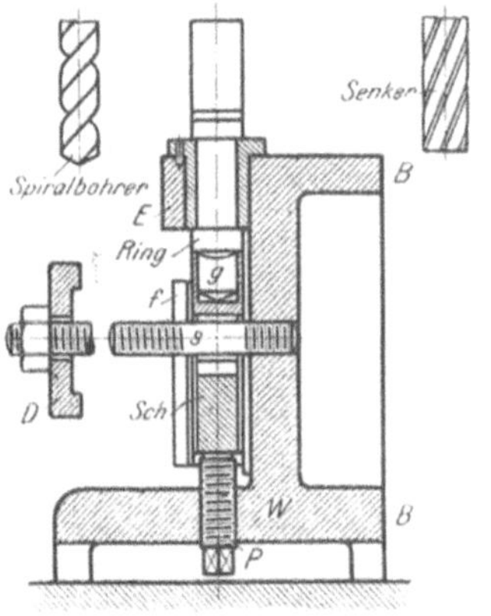

Fig. 118.

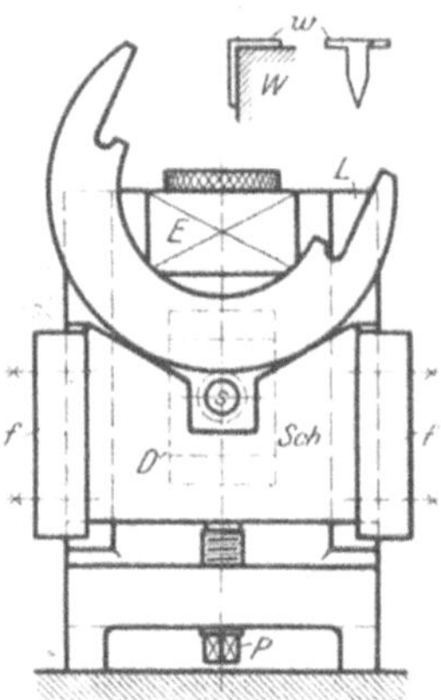

Fig. 119.

Fig. 118—120. Bohreinrichtung für die Ringhälften.

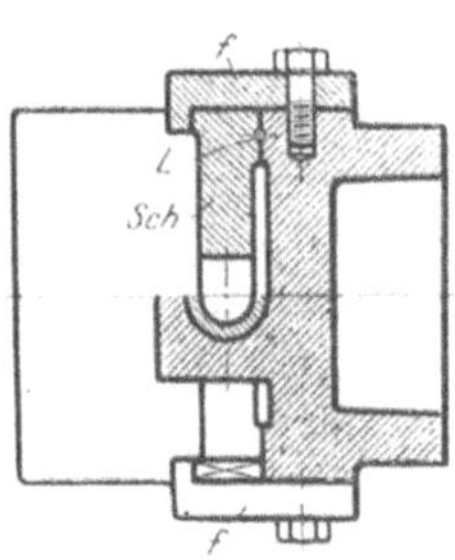

Fig. 120.

Schrauben auf *U* befestigt ist, legt. In *U* selbst ist eine schwalbenschwanzförmige Nut *N* gearbeitet, in der sich die Backe *K* verschiebt, die an ihrem rechten Ende gleichfalls prismatisch ausgespart ist. Die Verschiebung von *K* nach rechts und das dadurch herbeigeführte zentrische sichere Aufspannen der Ringteile wird durch eine Schraube *S* bewirkt, die sich in einer Mutter dreht, die selbst in der Schwalbenschwanznut *N* untergebracht ist, was in Anbetracht der geringen Höhe des Ringes nötig war.

Um aber ganz sicher zu gehen, hat man ein Abheben der Ringteile von *U* dadurch unmöglich gemacht, daß man mittels einer in *U* befestigten Stiftschraube und einer Flügelmutter auf die Stirnfläche des Ringes die Scheibe *Sch* preßt.

Um nun ein Abheben des fertig gebohrten Ringes ohne völliges Entfernen der Flügelmutter möglich zu machen, hat man zwischen *Sch* und Mutter noch eine geschlitzte Scheibe *s* gelegt, die eine Öffnung in *Sch* überdeckt, groß genug, um *Sch* über die Flügelmutter nach Entfernen von *s* zu ziehen.

Die Öffnungen *l* in den Flanschen von *U* sind so groß, daß die Bohrbüchsen zum Aufreiben der gebohrten Löcher durch sie entfernt werden können. Zur Kontrolle gebraucht man einen Grenzlehrbolzen.

Eine zweispindlige senkrechte Bohrmaschine benutzt man ebenfalls, um die Löcher *x* für die Spiralfedern zum Andrücken in dem größeren Teil *I* herzustellen. Hier spannt man den Ringteil mittels eines Winkels auf (Fig. 118—120).

Der Winkel *W* trägt am oberen Teil einen Ansatz *E*, der die Bohrbüchse aufnimmt, und gegen dessen bearbeitete Kanten sich *I* mit seinem inneren Teil legt. Ein kleiner schmiedeeiserner Winkel *w*, der auf den oberen Rand von *W* gelegt wird und mit einer Spitze in das runde Sprengloch des Ringteiles faßt, unterstützt den Arbeiter beim Ausrichten. Von unten legt sich alsdann ein prismatisch ausgeschnittener Schieber *Sch* gegen *I*. *Sch* wird durch 2 Leisten *f, f* sicher gerade geführt. Den nötigen Anpressungsdruck erzeugt eine Schraube *P* im Boden des Winkels, die durch einen Steckschlüssel betätigt wird. Damit ein seitliches Verschieben unmöglich gemacht ist, legt man nach Anziehen von *P* einen rechteckigen Deckel *D* auf, der mit Arbeitsflächen auf den Ring und *Sch* aufliegt. Die Stiftschraube *s*, die zum Anpressen dieses Deckels dient, sitzt in *W*. Beim Aufspannen liegt der Bohrkasten auf *B, B*. Nach Erzeugung des Loches *x* mit dem Spiralbohrer wird die Bohrbüchse herausgenommen und mit dem in der zweiten Spindel sitzenden Senker der Grund des Loches aufgerieben. *D* und *P* werden gelöst, Ringteil *I* gedreht, und das zweite Loch *x* wird hergestellt.

4. Riemenscheiben.

a) Einfache Riemenscheibe.

Das Abformen einer Riemenscheibe geschieht bei Massenfabrikation auf einer Durchzugformmaschine, die entweder nach dem sogenannten Teleskopsystem arbeitet (Fig. 121), d. h. die Modelle für eine Reihe aufeinanderfolgender Durchmesser sind in der Maschine teleskopartig vereinigt und können nach Belieben aus der Modellplatte *M* hochgehoben werden, wobei man die in jedem Falle nötige Breite *B* durch Einstellen der Höhe erzielen kann, oder man macht je nach dem zu verwendenden Modell die Modellplatte *M* auswechselbar. Modelle für Naben und Arme müssen in beiden Fällen auf *M* gelegt werden.

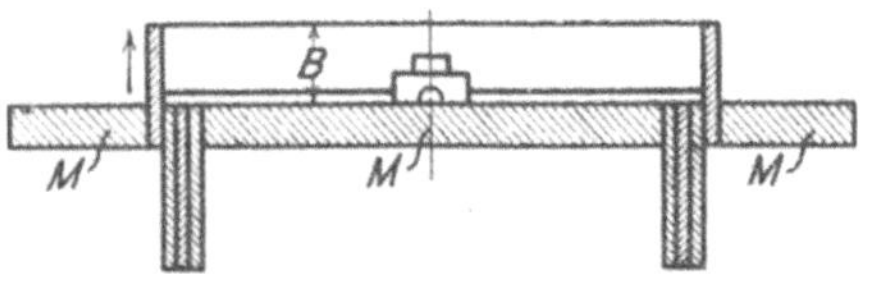

Fig. 121. Abformen einer Riemenscheibe auf einer Teleskop-Formmaschine.

Die Herstellung der Bohrung und das Bearbeiten der Nabe erfolgen auf einem senkrechten Bohr- und Drehwerk (Fig. 122).

Die Bearbeitung des Kranzes am Umfang und an den Seitenflächen kann erfolgen durch Drehen, Rundfräsen oder Rundschleifen. Es ist zu unterscheiden, ob der Kranz ballig oder gerade sein soll. Das Balligdrehen wird meist durch Abdrehen nach 2 abgestumpften Kegeln ersetzt, die sich mit den großen Grundkreisen berühren.

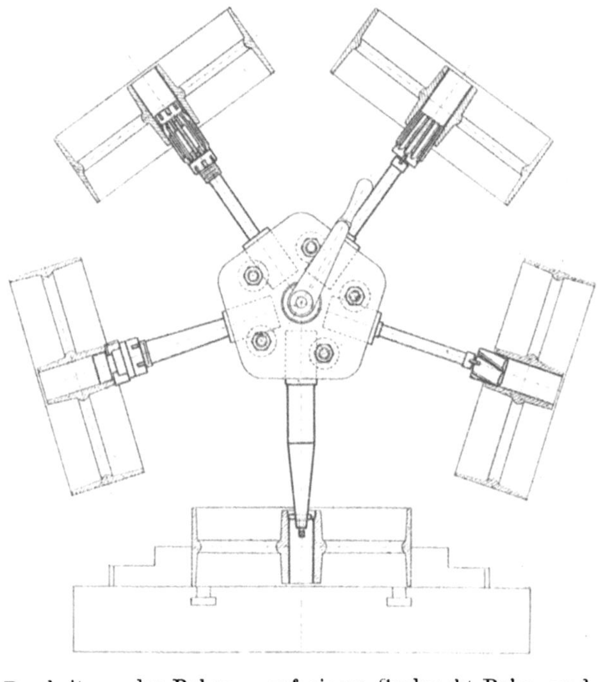

Fig. 122. Bearbeitung der Bohrung auf einem Senkrecht-Bohr- und Drehwerk.

Als Werkzeug für das Rundfräsen eines geraden Kranzes dient ein Satzfräser, bestehend aus 2 Walzenstirnfräsern und einem Walzenfräser auf gemeinsamem Fräsdorn.

Das Abdrehen einer Scheibe mit geradem Kranze geschieht auf einer gewöhnlichen Zugspindeldrehbank, während das Abdrehen eines balligen

Kranzes auf einer Sonderdrehbank mit 2 Supporten S_1 und S_2 geschieht (Fig. 123 u. 124), die an Konuslinealen L geführt werden.

Die beim Drehen entstehende scharfe Kante K wird mit einem Handstahl gebrochen.

Die Kontrolle der Breite und des Durchmessers geschieht durch Schublehren.

Das Nutenstoßen geschieht in bekannter Weise.

Dann folgt das Auswuchten der Scheiben, das folgendermaßen geschehen kann.

Die Scheiben werden auf einen genau passenden Dorn gebracht, der auf 2 genau wagerecht und gleichhoch montierte Lineale gelegt wird. Durch Ankleben von Kitt wuchtet man die Scheiben genau aus. Den Kitt nimmt man nach Anzeichnung der Stellen fort, wiegt ihn und ersetzt ihn durch kleine Eisenplättchen, die an die betreffenden Stellen geschraubt werden.

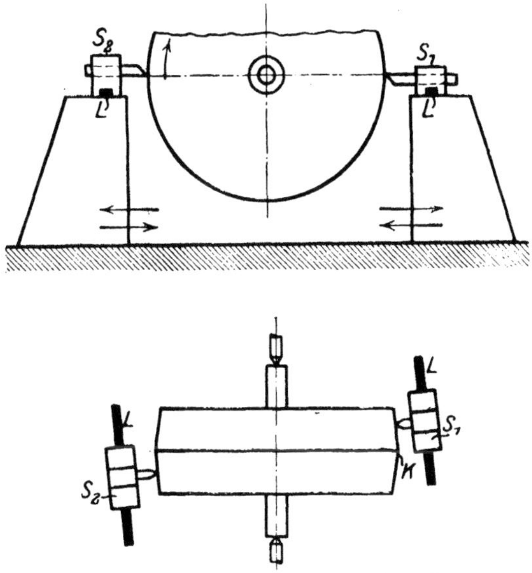

Fig. 123 und 124. Balligdrehen des Kranzes.

b) Stufenscheibe (Fig. 125).

Die Bearbeitung ist vorgenommen nach Angaben von Ludwig Loewe & Co., Berlin. Man geht auch hier von der Herstellung der genauen Bohrung a aus, die wieder auf einem Senkrecht-Bohr- und Drehwerk mit 2 Supporten vorgenommen wird, deren Revolverkopf die bekannten Werkzeuge trägt. Als Spannwerkzeug dient die selbstzentrierende Planscheibe, als Kontrollwerkzeug der Toleranzkaliberdorn.

Die Bearbeitung der inneren Flächen b, b_1 und der vorderen Fläche d_1 wird auf derselben Maschine in derselben Aufspannung vorgenommen. Der zweite Support trägt einen Stahlhalter mit 3 Stählen, so daß die Bearbeitung des größten, mittleren und kleinsten Durchmessers zu gleicher Zeit und ebenso die Bearbeitung der Flächen b_1 zugleich erfolgen kann.

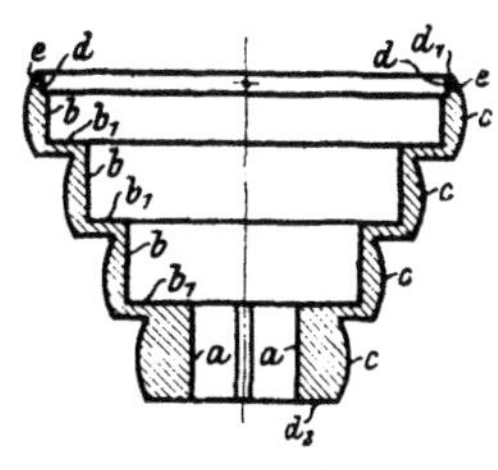

Fig. 125. Stufenscheibe.

Dann spannt man die Stufenscheiben auf einen Drehdorn zur Bearbeitung (Schruppen) der Flächen *c c*. Die verwendete Maschine ist eine Zugspindeldrehbank mit Vorrichtung zum Balligdrehen. Man arbeitet mit 4 Stählen zugleich, die in einen Sonderstahlhalter eingespannt sind. Der Support wird durch eine Rolle in einer Kurve geführt. Zur Kontrolle dient die Schublehre.

Es folgt dann das Einarbeiten der Keilnut auf einer Senkrechtstoßmaschine.

Auf einer Zugspindeldrehbank wird der Sitz *d* für den Boden ausgebohrt und Fläche d_2 bearbeitet.

Zur Kontrolle der Bohrung verwendet man Endmaße.

Sodann wird der Boden eingepaßt, auf einer Senkrechtbohrmaschine werden die Löcher *e* gebohrt, die zur Aufnahme der Verbindungsschrauben für Scheibe und Boden dienen, in den Boden wird Gewinde geschnitten. Parallelstücke dienen als Unterlage.

Dann bringt man die Stufenscheibe wieder auf die Kurvendrehbank und schlichtet dort Kränze und Ränder. Zur Kontrolle dient die Schublehre. Nach Bohren der Öllöcher, die mit Gewinde zu versehen sind, folgt als letzte Arbeit auf der Schleifbank (Drehbank) das Feilen und Polieren mittels Feile, Polierholzes und Poliermittel.

5. Kreuzköpfe.

(Keine Massenfabrikation.)

a) Kreuzkopf aus Stahlguß (Fig. 126).

I. Kreuzkopfkörper.

Es werden zunächst die Mittellinien *x x*, *y y* rings um den Kreuzkopfkörper herum angerissen, ferner Maße für Bohrung und Zapfen usw.

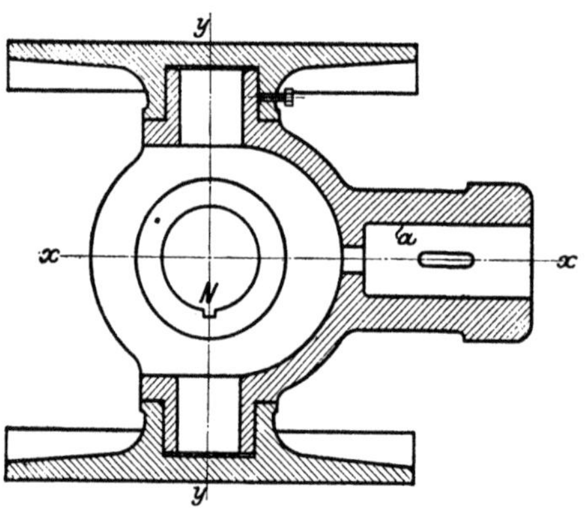

Fig. 126. Kreuzkopf aus Stahlguß.

Auf einer Senkrechtbohrmaschine wird die Bohrung *a* mittels Spiralbohrers vorgebohrt. Zwei seitliche Backen besorgen die Aufspannung auf dem Tisch der Bohrmaschine.

Die nächste Bearbeitung vollzieht sich auf einer Leitspindeldrehbank (Fig. 127), wo der Kreuzkopfkörper mit den 4 Backen *B* und den beiden Bügeln *C* gegen die Planscheibe gespannt wird. Die wagerechte Lage wird durch den Parallelreißer hergestellt. Die Reitstockspitze drückt gegen das Zentrierfutter *A*, das in die vorgebohrte Bohrung *a* geschlagen wurde.

Es erfolgt die Bearbeitung von *b*, *c* und *d*. Die Rundungen *b c* und *c d* werden mittels Formstahles gedreht. Zur Kontrolle dient die Schublehre.

Durch einen Holzklotz (Fig. 128) wird *d* unterstützt, die genaue Höhenlage wird durch Unterkeilen erzielt. Das Zentrierfutter *A* wird entfernt. Mit einer Bohrstange, deren Stähle nach unten gerichtet sind, damit der Bohrdruck auf den Holzklotz kommt, wird *a* fertiggeschruppt und geschlichtet. Ein Grenzkaliberdorn dient zum Messen der Bohrung. Die Gleitfläche des Holzklotzes ist reichlich zu schmieren. *b* wird, da wegen des Zentrierfutters keine vollständige Bearbeitung möglich war, in dieser Aufspannung fertiggeschlichtet.

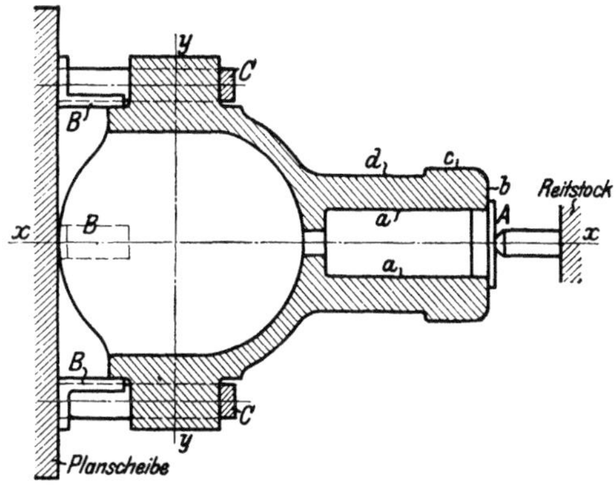

Fig. 127. Bearbeitung von Hals und Bohrung für Kolbenstange.

Die fertige Bohrung *a* und die dazu senkrechte Fläche *b* dienen als Ausgang für die nun folgende Bearbeitung auf einer Wagerechtbohrmaschine (Fig. 129). Die Aufspannung des Kreuzkopfkörpers erfolgt auf dem Rundtisch *I*, der sich mit einem zentrisch liegenden Zapfen im Rundtisch *II* zentriert (Fig. 130—131). Tisch *I* läßt sich auf Tisch *II* drehen. Ein Arretierstift *H* gestattet, *I* um je 90° zu drehen. Klemmplatten *J* halten *I* in der jeweiligen Stellung fest. Ein Zapfen *G*, der sich selbst wieder in *I* zentriert (Fig. 129), sorgt für genaues Einstellen des Kreuzkopfkörpers auf Mitte von *I*. Eine Schraube *E*, die in *I* eingeschraubt ist, drückt Fläche *b* fest auf den Tisch *I*. 4 Spanneisen *F* sorgen außerdem noch für sichere Befestigung.

Fig. 128. Lünette.

Mit einem Spiralbohrer wird *e* zunächst vorgebohrt und mit einer Bohrstange fertig bearbeitet; *f* wird mit einem Stirnfräser bearbeitet, während *g* und *h* mit dem in Fig. 129 dargestellten Messerkopf hergestellt werden.

Nach Lösen von *J J* und Herausziehen von *H* wird *I* um 180° gedreht, auf gleiche Weise werden nun $e_1 f_1 g_1 h_1$ bearbeitet.

Als Meßinstrument benutzt man die Grenzrachenlehre und Schublehre.

In derselben Aufspannung vollzieht sich die Herstellung der Bohrung für den Kreuzkopfbolzen (Fig. 132).

Nach Lösen von *J J* und *H* wird der Tisch *I* um 90° gegen die letzte

Lage gedreht. Mit einem Spiralbohrer wird i vorgebohrt, jede Seite für sich. Mittels der gleichzeitig arbeitenden Stähle wird dann die Bohrung auf den kleineren Durchmesser des Konus gebohrt. Die Bohrstange wird aus K herausgenommen. Auf K wird ein Support zum Abschwärmen gebracht, ein Sternrad schaltet den Stahl, mit dem nun k geschruppt wird; unter Umständen kann das Schalten auch von Hand erfolgen; es muß dann ein Stahl mit ziemlich breiter Schneide verwendet werden, und es ist die Maschine nach jeder Umdrehung stillzusetzen. Nach Schruppen von l werden k und l, beide gleichzeitig, mit dem angedeuteten Formstahl geschlichtet. I wird um 180° gedreht, es vollzieht sich die Bearbeitung von $k_1 l_1$ wie oben. Der Support auf K wird nun wieder mit der Bohrstange vertauscht, auf die zur Bearbeitung von m in das Innere des Kreuzkopfkörpers ein Abschwärmsupport gebracht wird (a). Hier muß das Schalten nach jeder Umdrehung von Hand erfolgen. n wird mit einem Formstahl bearbeitet. Der Support a wird mit einem breiten Messer vertauscht, das m schlichtet. Genau so erfolgt die Bearbeitung von m_1 und n_1.

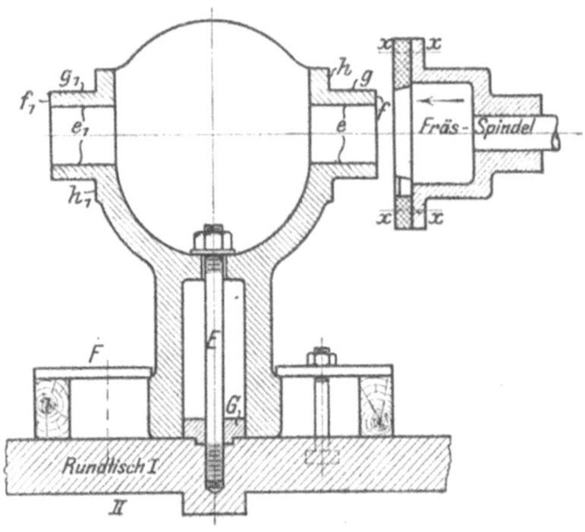

Fig. 129. Bearbeitung der Zapfen für die Schuhe.

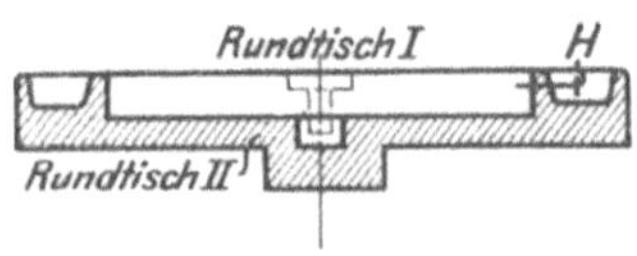

Fig. 130.

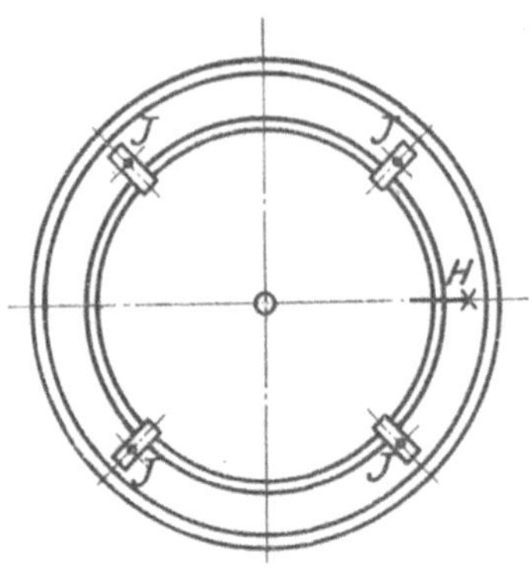

Fig. 131.

Fig. 130 und 131. Rundtisch.

Das Ausbohren von i nach dem Konus geschieht durch eine Sonderbohrstange, die in K gebracht wird. Da die Schaltung absatzweise durch ein Sternrad erfolgt, so ist das Nachreiben mit konischen Reibahlen (Vor- und Fertigreibahle) nötig. Die Messung geschieht durch Kontrollkonus.

Die Herstellung des Keilloches für die Kolbenstange erfolgt zweckmäßig auf einer Sondermaschine. Der Grundgedanke geht aus Fig. 133 hervor.

Auf den Tisch einer zweispindligen Wagerechtfräsmaschine wird mittels der Lager *A A* und einer Zentrierscheibe der Kreuzkopfkörper aufgespannt. Durch Verschiedenheit der Höhe der beiden Lager *A* läßt sich das Keilloch schräg anordnen. Der Tisch macht nun 2 Bewegungen, eine hin- und hergehende, veranlaßt durch die Kurbelscheibe *K*, deren Hub veränderlich ist, je nach der Länge des herzustellenden Loches, und eine schwingende, wie solche die Pfeile *I* und *II* andeuten. Diese schwingende Bewegung läßt sich nach einem Gradbogen genau einstellen, und zwar für Keile mit einfachem Anzug von der Mittellage z. B. um je 2° nach rechts oder links, bei doppeltem Anzug um je 2° nach rechts und nach links. Die Fräser F_1 und F_2 arbeiten bei Herstellung des Loches im Kreuzkopfkörper jeder gleichweit bis zur Mitte und gehen nach vollendeter Arbeit von selbst zurück. Kontrolle durch Parallelendmaße und Lehre.

Auf derselben Maschine stellt man auch das Keilloch in der Kolbenstange her, die zwischen Spitzen gebracht wird. Nur dürfen beide Fräser nicht bis zum Schluß arbeiten, es muß der eine, z. B. F_1, etwas früher aufhören und zurückgehen, die Arbeit, die dieser übrig gelassen hat, erledigt dann der Fräser F_2 mit.

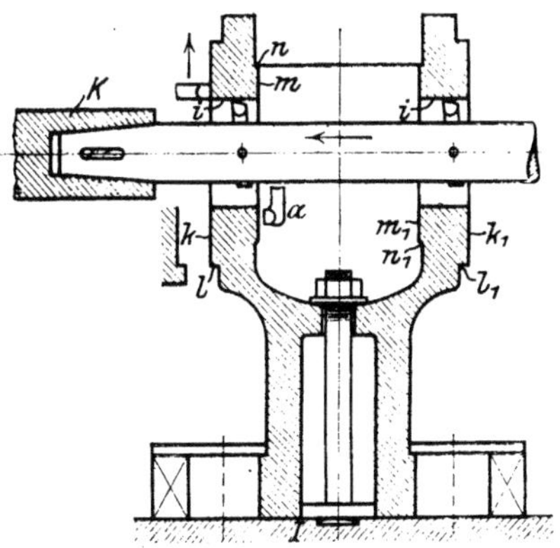

Fig. 132. Bearbeitung des Loches für den Kreuzkopfbolzen.

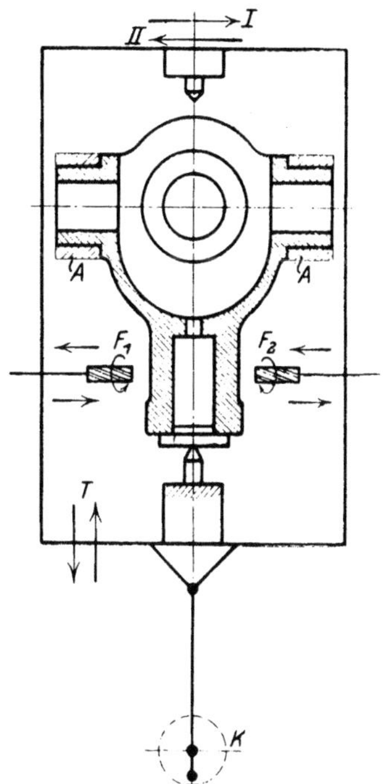

Fig. 133. Einarbeiten der Keilnuten für den Kolbenstangenkeil.

Auf einer Senkrechtstoßmaschine wird noch die Nut *N* (Fig. 126) gestoßen, die zur Aufnahme einer Feder im Kolbenbolzen dient, die das Drehen des Kolbenbolzens verhindern soll. Messung durch Parallelendmaße.

II. Schuhe.

Der Schuh wird in der aus Fig. 134 ersichtlichen Weise mit 4 Spanneisen *L* gegen die Planscheibe einer Leitspindeldrehbank gespannt. Das Ausrichten erfolgt mit einem Parallelreißer nach den Kanten *s s*.

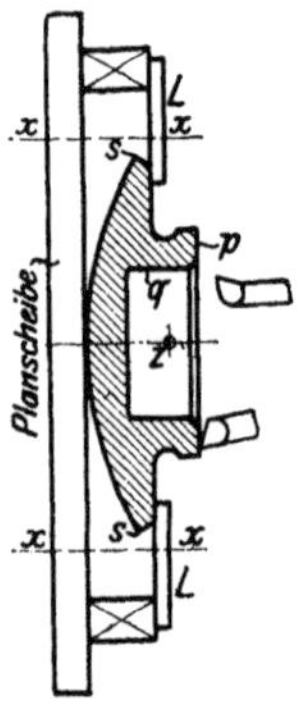

Fig. 134. Herstellung der Bohrung in den Schuhen.

Nach den Marken *s s* richtet sich bei der später folgenden Hobelarbeit der Hobler. Es wird nun zunächst *p* geschruppt und geschlichtet, die Bohrung *q* hergestellt, die Kante von *q* gebrochen. Die Stähle sitzen in einem 4fachen Stahlhalter. Die Kontrolle der Bohrung geschieht durch Grenzkaliberdorn und Tiefenmaß.

Die Bearbeitung der Kanten *s s* erfolgt, wie oben schon angegeben, auf einer Hobelmaschine, auf deren Tisch der Schuh mit 2 Spannbacken aufgespannt wird. Das Ausrichten geschieht durch Wasserwage. In der Schlosserei wird das Loch für die Halteschraube *z* gebohrt und mit Gewinde versehen.

Es handelt sich nun um das Abdrehen der Schuhe, das vorgenommen wird, nachdem die Schuhe auf den Körper gebracht sind. Zum Festhalten dienen Schrauben in *z*. Die Bearbeitung erfolgt auf einem senkrechten Bohr- und Drehwerk. Die Einspannung ähnelt der in Fig. 129 dargestellten (vgl. Fig. 146). Nur ist das Zentrierstück *G* bedeutend länger und mit einem Keilloch versehen, so daß ein durch Bund und Zapfen *G* gesteckter Keil das Sichdrehen des Kreuzkopfes auf dem Zapfen beim Abdrehen der Schuhe verhindert. Ein auf den Tisch geschraubter Winkel, der sich gegen das eine Keilende legt, besorgt das Mitnehmen des Kreuzkopfes. Druckschrauben zwischen Tisch und den Schuhkanten *y y* (Fig. 135) dienen zur Stützung. In dieser Aufspannung werden auch die Kanten *y y* bearbeitet. Zur Messung dient eine Mikrometerschraube.

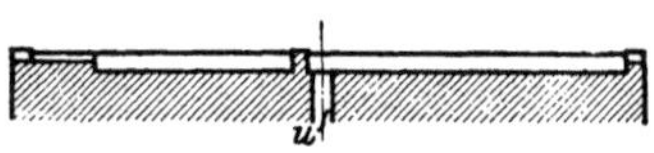

Fig. 135.

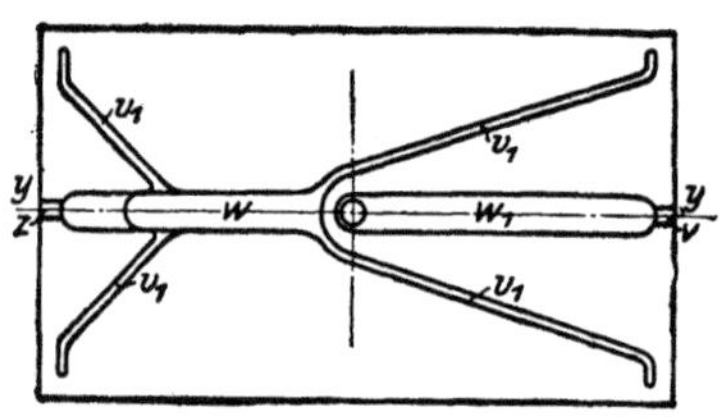

Fig. 136.

Fig. 135 und 136. Einarbeiten der Schmiernuten im oberen Schuh.

Dann werden die Schuhe abgenommen und mit Schmiernuten versehen. Diese Arbeit vollzieht sich für den oberen Schuh (Fig. 135 u. 136) wie folgt: Auf einer Senkrechtfräsmaschine werden mit einem Fingerfräser die beiden Nuten *w* und w_1 hergestellt, von denen w_1 etwas Gefälle nach der Mitte zu bekommt.

Das Loch u wird auf einer Senkrechtbohrmaschine gebohrt, die Nuten v und v_1 werden von Hand in der Schlosserei hergestellt.

In u wird ein Kupferrohr für die Schmierung des Zapfens eingehämmert.

b) Geschmiedeter Kreuzkopf.

Der Körper des in Fig. 137 dargestellten Kreuzkopfes besteht aus Flußeisen, die Schuhe aus Gußeisen.

I. Kreuzkopfkörper.

Fig. 138 zeigt die Umrisse des rohen Schmiedestückes. Zuerst werden die Körner $N\,N$ festgelegt. Auf einer Hobelmaschine oder Wagerecht-

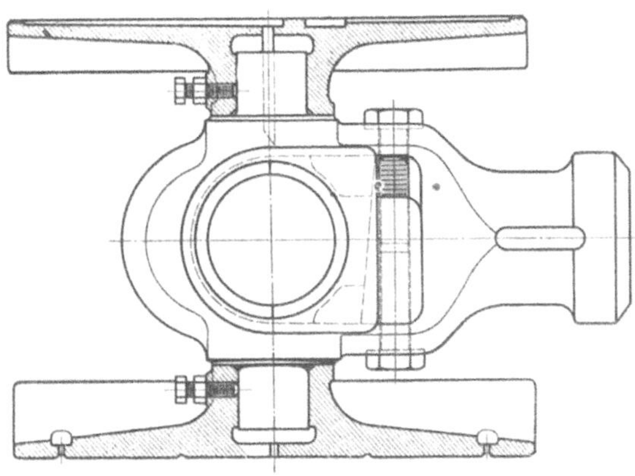

Fig. 137. Geschmiedeter Kreuzkopf.

fräsmaschine wird der zwischen Backen auf den Tisch gespannte Kreuzkopfkörper an den beiden parallelen Flächen $A\,A$ bearbeitet. Dann werden auf einer Richtplatte die Mittellinien, nach Schablonen die Kurven $B\,C\,D\,E\,F\,G$ und $H\,I\,K\,L\,M$ sowie die Mitten der Löcher K' und L' festgelegt.

Zunächst wird auf einer Senkrechtbohrmaschine die Bohrung P mittels Spiralbohrers vorgebohrt und mit einer Bohrstange auf ungefähres Fertigmaß fertiggestellt. Die Aufspannung auf den Bohrmaschinentisch geschieht durch Backen, das Messen der Bohrung durch Lochtaster. Sodann werden die Körner $N\,N\,N\,N$ gebohrt, wobei der Kreuzkopfkörper in einen Parallelschraubstock gespannt ist. Das Ausrichten geschieht durch Parallelreißer und Winkel.

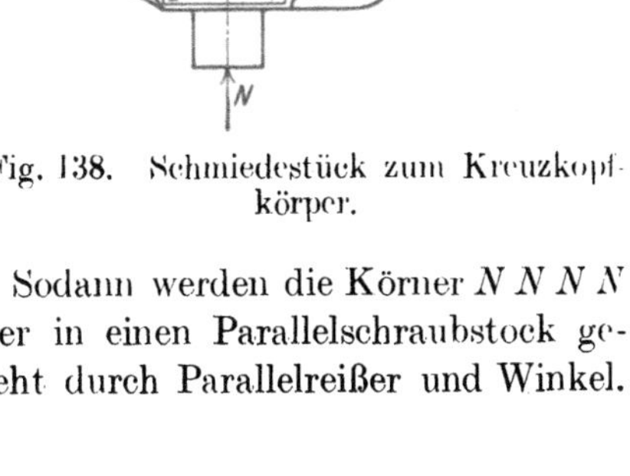

Fig. 138. Schmiedestück zum Kreuzkopfkörper.

Wie aus Fig. 139 u. 140 hervorgeht, folgt nun das Bearbeiten der Zapfen *a* und *b* für die Kreuzkopfschuhe auf einer Leitspindeldrehbank. Die Einspannung geschieht zwischen Spitzen gegen die Planscheibe mittels der beiden Winkel *x x* und einer um den Hals gelegten Schelle.

Der Zapfen *a* wird nach Toleranzkaliber bearbeitet, die Auflagerfläche für die Schuhe nach dem Kurventeil *F G*. Die Länge des Zapfens *a* wird nach der von der Mittellinie aus angerissenen Maßlinie bearbeitet. Nach Fertigstellung des Zapfens wird dieser durch eine Holzlünette unterstützt, mit einem im Stahlhalter befestigten Spiralbohrer wird der Zapfen *a* ausgebohrt, da das Gewicht des Kreuzkopfes so klein wie möglich sein soll. In gleicher

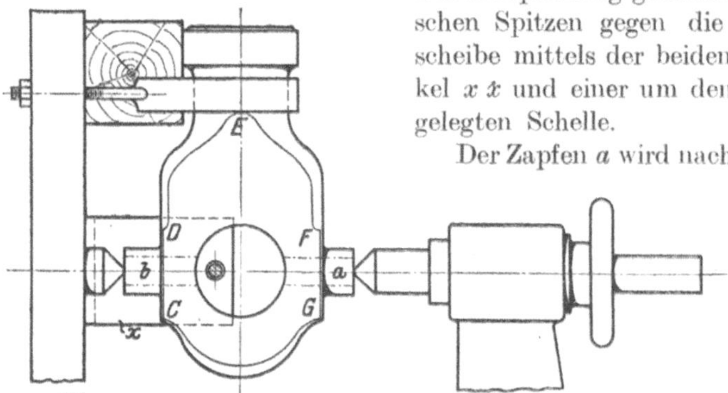

Fig. 139.

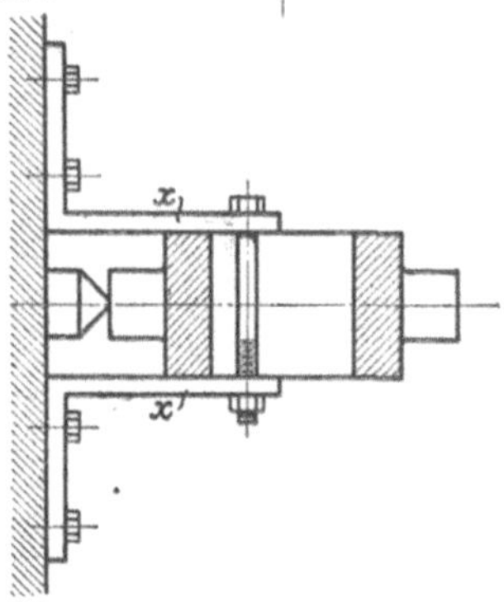

Fig. 140.

Fig. 139 und 140. Bearbeiten der Zapfen für die Schuhe.

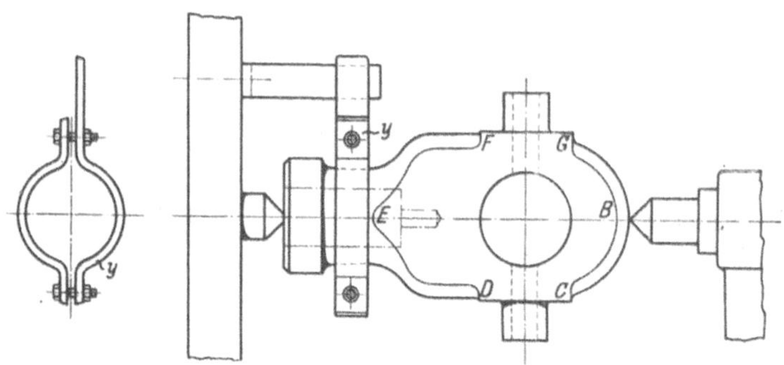

Fig. 141. Drehen des Umfangs und Herstellen der Bohrung für die Kolbenstange.

Weise vollzieht sich die Bearbeitung des Zapfens *b*, wobei in *a* ein Zentrierstück sitzt.

Eine Leitspindeldrehbank, zwischen deren Spitzen der Kreuzkopfkörper, wie Fig. 141 zeigt, gespannt ist, dient dann zum Abdrehen des Umfangs nach den Kurven GBC und DEF. Dabei werden natürlich

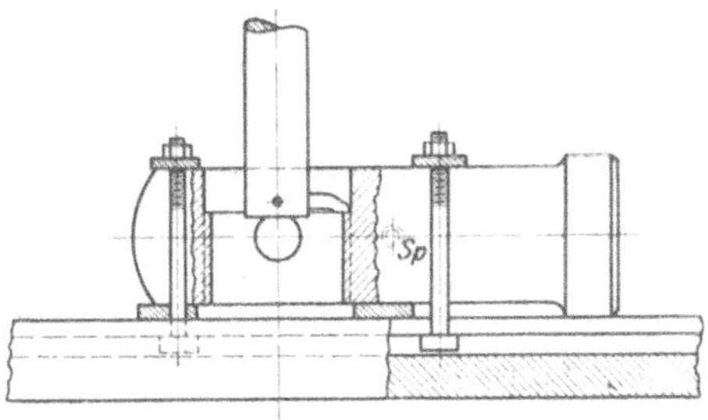

Fig. 142. Ausdrehen der Bohrung für die Lagerschalen.

nach Umspannen auch der Hals und der Bund mit bearbeitet. Zum Messen des Halses und dessen Durchmessers dient die Schublehre.

Nach der Bearbeitung des Halses unterstützt man diesen durch eine Lünette, rückt den Reitstock weg und stellt die Bohrung für die Kolbenstange mit Spiralbohrer und Bohrstange her.

Die nächste Arbeitsmaschine ist eine Senkrechtbohrmaschine, auf der das Ausdrehen der Bohrung für die Lagerschalen nach dem Kreis, dessen Hälfte MHI in Fig. 138 eingezeichnet ist, mittels Bohrstange erfolgt (Fig. 142). Die Messung geschieht durch Endmaße. Mit einem Spiralbohrer werden die Löcher $K' L'$ (Fig. 138) gebohrt. Die Aufspannung geschieht durch Spanneisen und Schrauben.

Zum Bohren der Löcher Sp (Fig. 142) für die Keilschrauben wird der Kreuzkopfkörper in einen Parallelschraubstock gespannt. Auf einer Senkrechtstoßmaschine wird dann der Körper nach der Kurve $IKLM$ (Fig. 138) ausgestoßen. Kontrolle durch Präz. Schublehre.

Fig. 143.

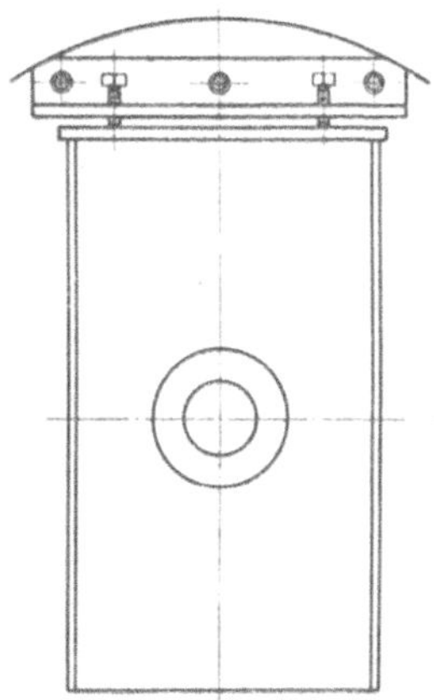

Fig. 144.

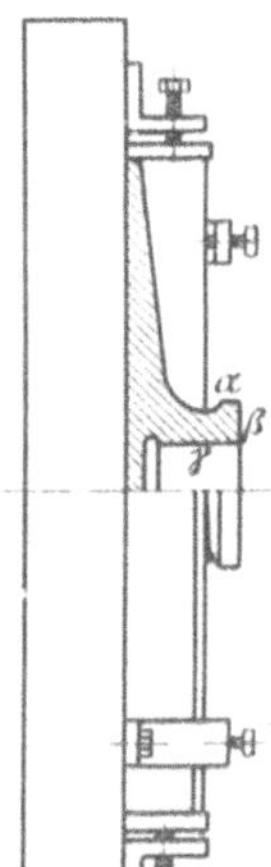

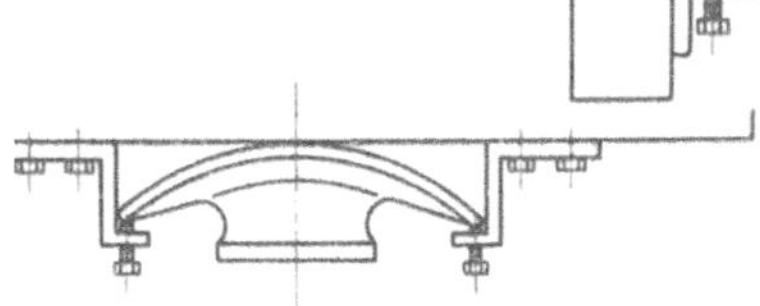

Fig. 145.

Fig. 143—145. Herstellen des Loches im Schuh für die Zapfen.

Das Fräsen des Keilloches für die Kolbenstangenbefestigung geschieht auf der schon beschriebenen Sondermaschine von Droop & Rein, Bielefeld.

II. Schuhe.

Fig. 143—145 zeigen die Aufspannung der Schuhe. Ihre Bearbeitung erfolgt genau, wie bei dem Stahlgußkreuzkopf angegeben.

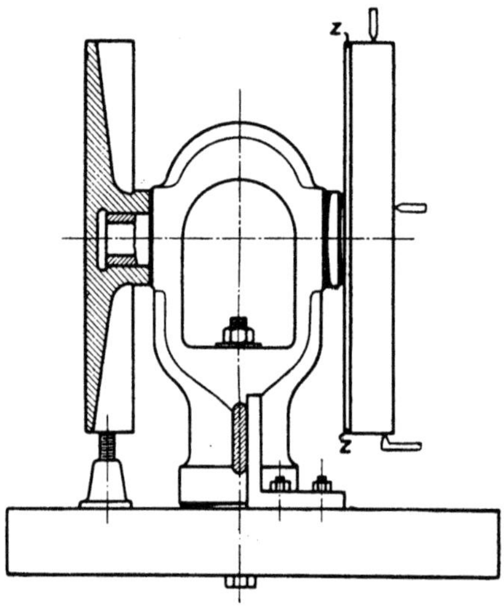

Fig. 146. Abdrehen der Schuhe auf einem Senkrecht-Bohr- und Drehwerk.

Fig. 146 zeigt das Abdrehen der Schuhe und die Art und Weise der Aufspannung.

Wegen des Einarbeitens der Schmiernuten in die Schuhe vergleiche das vorhin Ausgeführte.

6. Pleuelstangen.

a) Automobilpleuelstange.

Die Pleuelstange der Adlerwerke vorm. Heinrich Kleyer & Co., Frankfurt a. M. (Fig. 147—149) ist im Gesenk geschmiedet. Fig. 150 zeigt das Ausgangsmaterial, eine Rundeisenstange von 7 cm Durchmesser. Von dieser Stange wird unter dem Luftfederhammer ein Schmiedestück hergestellt, das in rohem Umrisse die Pleuelstange erkennen läßt (Fig. 151). Unter dem Reibungshammer wird in mehreren Schlägen die Pleuelstange (Fig. 152) gearbeitet, die allerdings noch mit Grat versehen ist. (Die hier in Fig. 152 dargestellte Stange entspricht nicht ganz der der Besprechung zugrunde gelegten.) Nach Entfernung des Grates beginnt die eigentliche Bearbeitung.

Zuerst werden die Bohrungen *a* und *b* (Fig. 154) auf einer Senkrechtbohrmaschine hergestellt. Zu diesem Zweck wird die Pleuelstange in einen Bohrkasten (Fig. 153—158) gelegt. Mittels Spiralbohrer und Reibahlen werden die Bohrungen auf genaues Maß gearbeitet, da man sie für späteres Aufspannen benutzen will. Bohrung *b* ist damit auch schon fertiggestellt, während *a* noch weitere Bearbeitung erfährt.

Als Kontrollwerkzeuge dienen Toleranzkaliberdorne.

Auf einer Leitspindeldrehbank werden sodann die Flächen *c d* (Fig. 148) bearbeitet. Die Pleuelstange ist gegen die Planscheibe gespannt. Zur Sicherung der rechtwinkligen Lage von *c* mit *a* und *d* mit *b* bringt man *a* bzw. *b* auf Zapfen, die genau dem Durchmesser von *a* bzw. *b* entsprechen. Als Kontrollwerkzeug dienen die Grenzrachenlehren.

Fig. 147.

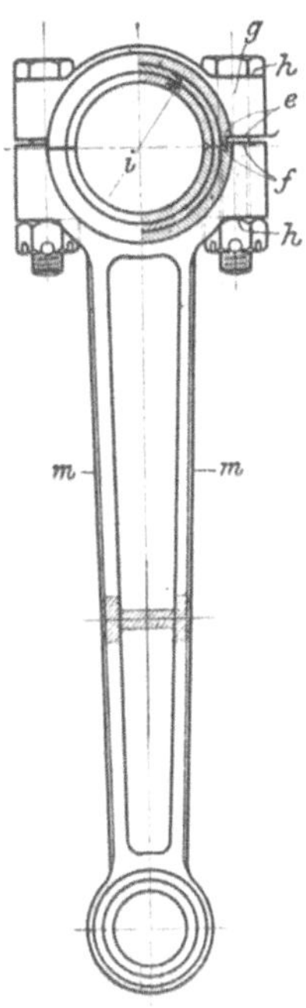

Fig. 148.

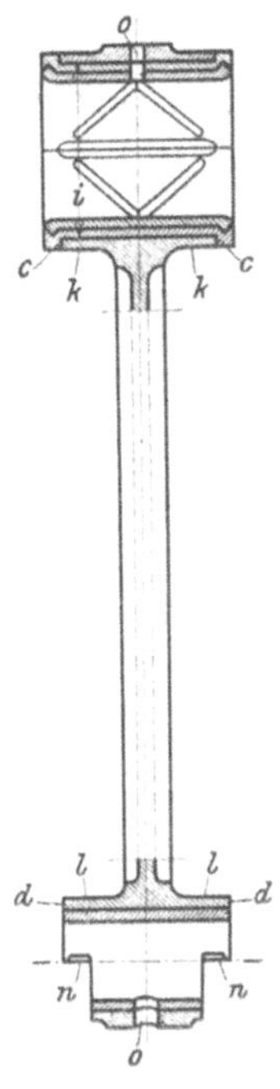

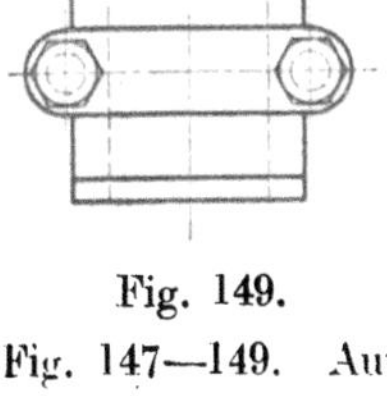

Fig. 149.

Fig. 147—149. Automobilpleuelstange.

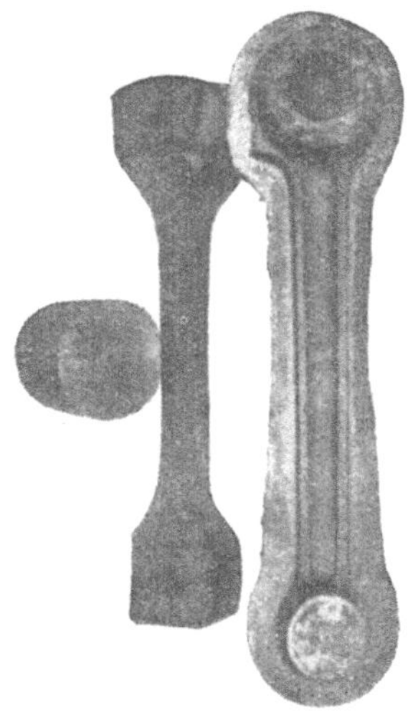

Fig. 150. Rohstück. Fig. 151. Vorgeschmiedet. Fig. 152. Gepreßt.

Fig. 150—152. Ausgangsmaterial und erste Bearbeitungsstufen.

Manche Fabriken bohren nun erst die Löcher für die Deckelschrauben und schneiden dann den Kopf durch. Es empfiehlt sich aber, um Spannungen, die unter Umständen im Schmiedestück vorhanden sind, unschädlich zu machen, das Durchschneiden vor dem Bohren vorzunehmen. Als Werkzeug dient ein Kreissägeblatt von $1^1/_2$ mm Stärke. Die Aufspannung erfolgt nach Fig. 159 u. 160. Auf einer Platte sind zwei Zapfen befestigt. Der größere Zapfen ist mit einem der Sägeblattstärke entsprechenden Schlitze versehen, der Schlitz geht auch noch einige Millimeter in die Platte. Ein Spanneisen hält die Stange fest. Die Platte wird auf dem Tisch der Kreissäge befestigt.

Fig. 153.

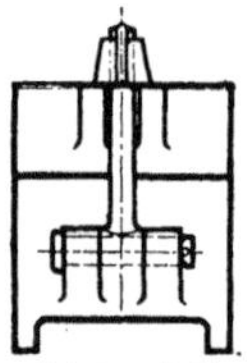

Fig. 154.

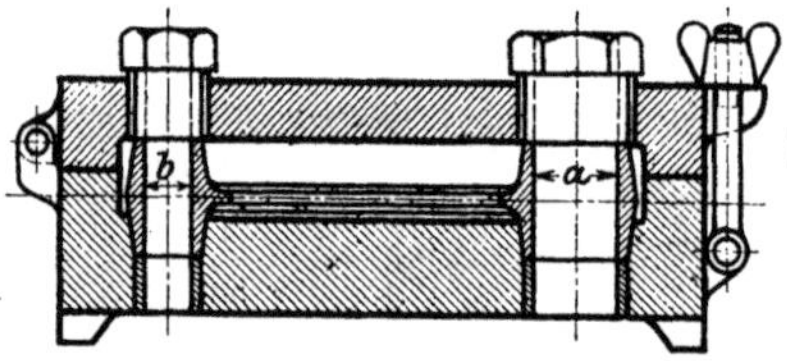

Fig. 155.

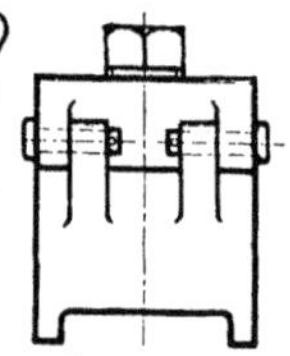

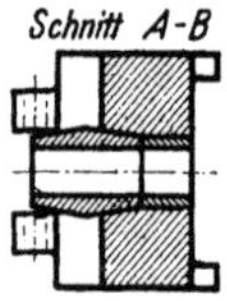

Fig. 156.

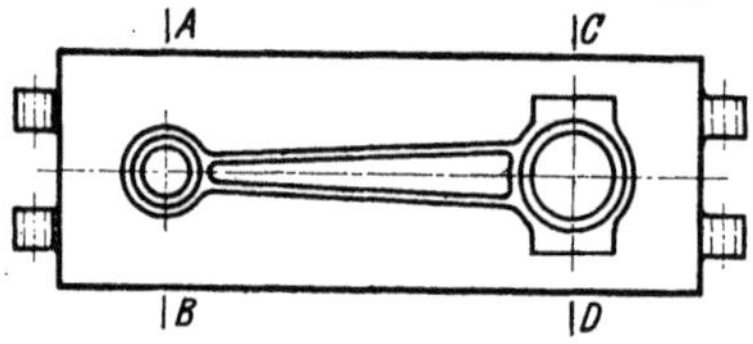

Fig. 157.

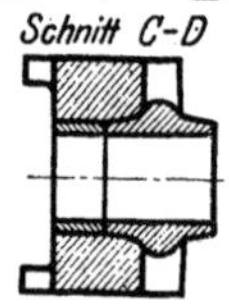

Fig. 158.

Fig. 153—158. Bohrkasten für die beiden Zapfenbohrungen.

Die Bearbeitung der Flächen *e f* (Fig. 147) erfolgt auf einer Wagerechtfräsmaschine mittels Satzfräser auf gemeinsamem Fräsdorn: *e* durch 2 Walzenstirnfräser und 1 Walzenfräser, *f* durch 2 Walzenstirnfräser und 2 Walzenfräser.

Die Einspannung geschieht in einem Parallelschraubstock (Fig. 161 u. 162). Dessen eine Backe ist mit einem Ansatz versehen, der ein Teil des Zylinders ist, der genau in die Bohrung *a* paßt. Auf diese Weise ist dem bedienenden Arbeiter die Mühe des seitlichen Ausrichtens erspart. Nachdem das erste Stück einwandfrei bearbeitet ist, braucht er nur die folgenden Stücke nach der Wagerechten auszurichten, Höhe und Seitenrichtung stimmen durch den zylindrischen Ansatz von selbst. Die Einstellung des Fräsers auf Höhe geschieht durch Parallelendmaße.

Fig. 159.

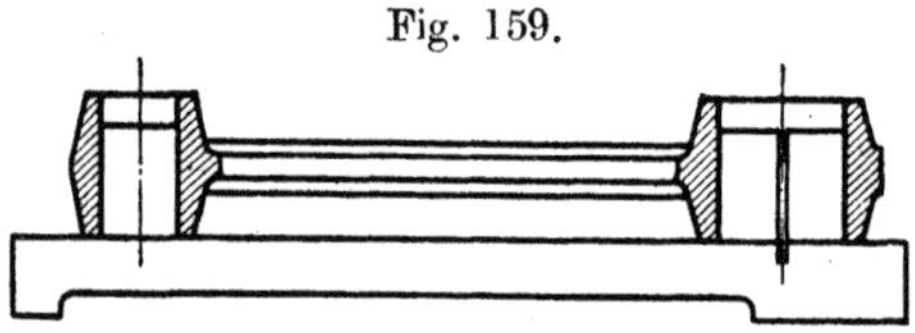

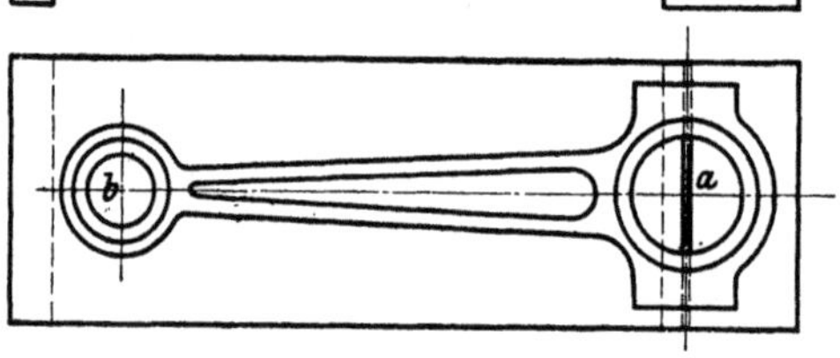

Fig. 160.

Fig. 159 und 160. Aufschneiden des Kopfes.

Nun erfolgt die Herstellung der Löcher *g* (Fig. 147) für die Deckelschrauben. Als Maschine verwendet man eine senkrechte 3spindelige Bohrmaschine. Die erste Spindel bohrt das Loch *g* glatt durch Deckel und Körper, die zweite erweitert die Bohrung im Deckel und die dritte schneidet in den Körper Gewinde. Das Aufspannen geschieht auf einem Uförmigen Bohrkasten (Fig. 163—164), der 2 Zapfen trägt. Von diesen ist der obere Zapfen aber nur halb ausgebildet, und zwar so, daß der Teil der Bohrung *a*, der zum Körper gehört, Führung findet. Man schiebt zuerst die Stange auf die beiden Zapfen, legt den Deckel auf, der sich mit seinen gefrästen Flächen auf die gefrästen Flächen der Pleuelstange stützt. Eine Scheibe *Sch* hindert eine seitliche Verschiebung der Pleuelstange. Zum leichten Auf- und Abbringen ist die Scheibe mit einem Schlitz versehen, so daß geringes Lösen der Schraube genügt, die Scheibe entfernen zu können. Die Schraube, die von oben auf den Deckel drückt, sichert die Höhenlage des Deckels.

Fig. 161.

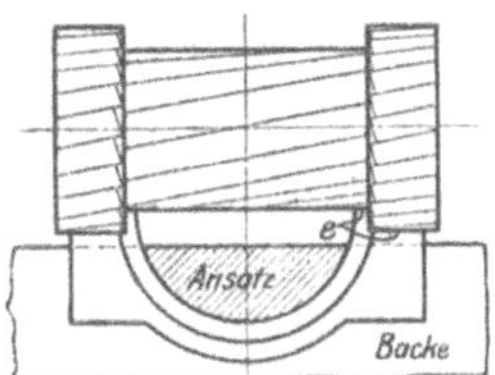

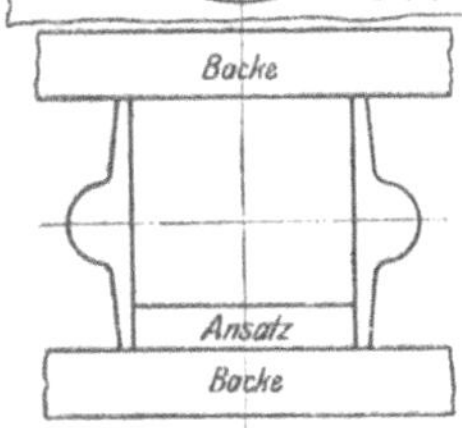

Fig. 162.

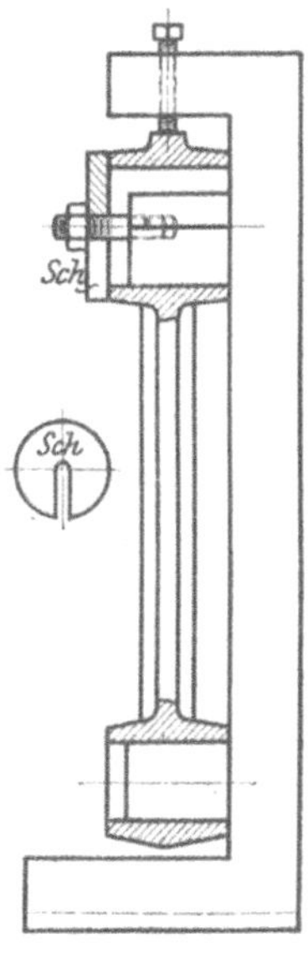

Fig. 163.

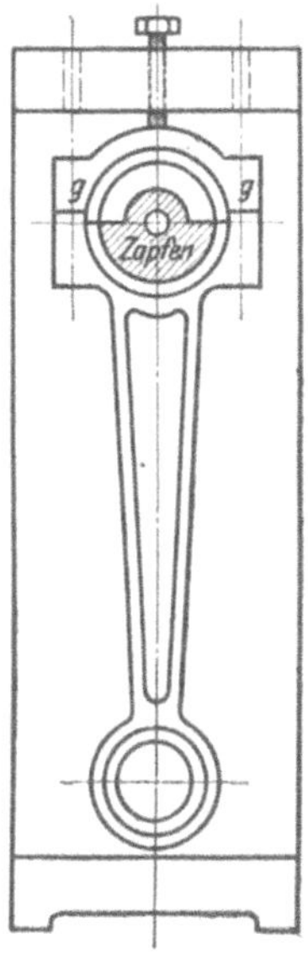

Fig. 164.

Fig. 161 und 162. Fräsen der Paßflächen.

Fig. 163—164. Bohren der Schraubenlöcher.

Die Anlageflächen *h* (Fig. 147) für Köpfe und Muttern der Deckelschrauben werden auf einer Senkrechtfräsmaschine hergestellt, wobei die zu bearbeitenden Teile in einen Parallelschraubstock gespannt werden Als Grundlage für die Bearbeitung dienen die gefrästen Flächen *e* und *f*.

Nun zieht man die Deckelschrauben ein, wobei Deckel und Körper durch dazwischengelegte Blechstreifen in der nötigen Entfernung gehalten werden.

Auf einer Revolverbank, gegen deren Planscheibe die Pleuelstange gespannt wird, erfolgt die Fertigbearbeitung der Bohrung *a* auf das Maß *i* (Fig. 148) durch Bohrstange. Vorreibahle und Fertigreibahle.

Um die genaue Stangenlänge zu bekommen, wird dabei die Bohrung *b* über einen Zapfen geschoben, dessen Mitte um das genaue Längenmaß von der Mitte der Planscheibe entfernt ist. Die Bohrung wird kontrolliert mit dem Toleranzkaliberdorn.

In derselben Aufspannung wird *k* (Fig. 148) gedreht und nach Umspannen *l* (Fig. 148). Kontrolle durch Schublehre.

Um nun festzustellen, daß die Mittellinien beider Bohrungen *a* und *b* genau parallel verlaufen, bringt man in die Bohrungen Drehdorne und

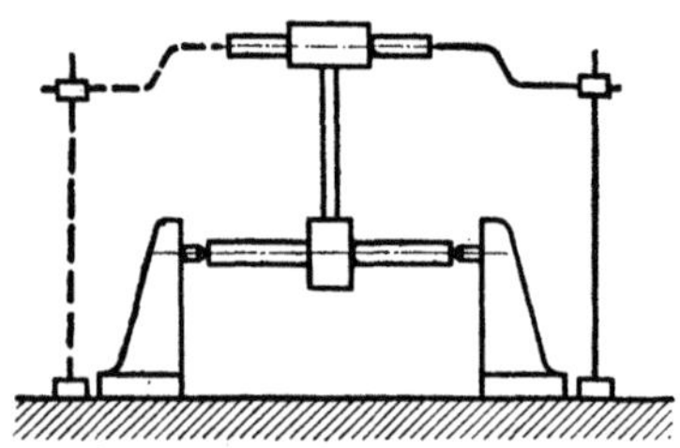

Fig. 165.

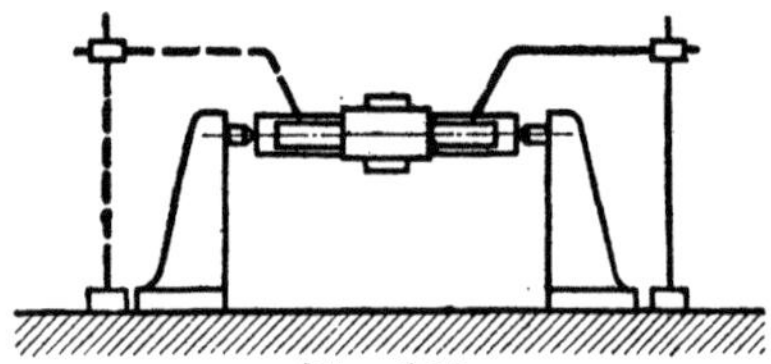

Fig. 166.

Fig. 165 und 166. Kontrolle der parallelen Lage der Mittellinien der Zapfenbohrungen.

spannt den einen Dorn zwischen Spitzen auf einer Richtplatte, wie Fig. 165 u. 166 anzeigen. Mit dem Parallelreißer nimmt man die beiden angegebenen Messungen vor, die völlig genaue Arbeit verbürgen.

Auf einer Kopierfräsmaschine vollzieht sich die Bearbeitung von *m* (Fig. 147). Alsdann wird in die Bohrung *b* die aus Rotguß bestehende Lagerschale hineingepreßt, und auf einer Wagerechtfräsmaschine werden die Stücke *n n* (Fig. 148) mittels zweier Walzenstirnfräser auf gemeinsamem Fräsdorn weggenommen. Kontrolle durch Schublehre.

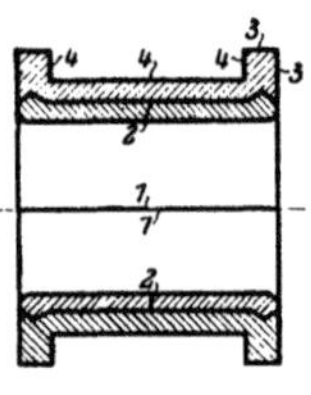

Fig. 167.

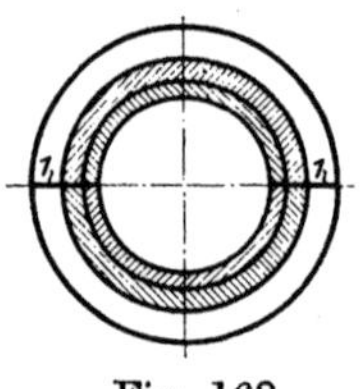

Fig. 168.

Fig. 167 und 168. Lagerschale zur Automobilpleuelstange.

Die Wegnahme von *n n* geschieht zur Erzielung einer guten Schmierung des Zapfens.

Die Pleuelstange wird dabei in einen Parallelschraubstock gespannt.

Nach Einlegen der Lagerschalen in den anderen Stangenkopf werden auf einer Senkrechtbohrmaschine Schmierlöcher *0 0* für beide Zapfen gebohrt.

Die Lagerschalen bestehen aus gepreßtem Messingblech, das mit Weißmetall ausgegossen ist.

Die Bearbeitung der Lagerschalen (Fig. 167 u. 168) vollzieht sich folgendermaßen. Die, wie schon erwähnt, aus gepreßtem Messingblech bestehenden Schalen werden zuerst an den Flächen *1 1* bearbeitet, und zwar auf einer Wagerechtfräsmaschine.

In einem Futter nach Fig. 169 u. 170, das gegen die Planscheibe einer Leitspindeldrehbank gebracht wird, wird die Bohrung 2 hergestellt. Kontrollinstrument ist der Taster.

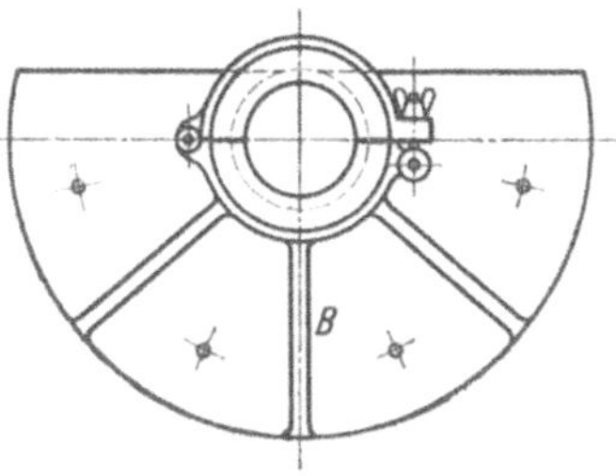

Fig. 169.

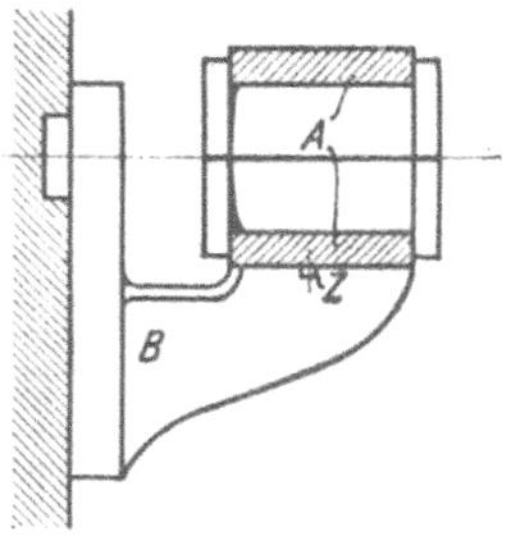

Fig. 170.

Fig. 169 und 170. Schruppen der Bohrung.

Fig. 171 u. 172 zeigen, wie das Ausgießen der Schalen mittels steigenden Gusses erfolgt. Der Kern *K* ist an der Platte *P* befestigt, Ansätze *a a* an *P* zentrieren die Schale. Die Dichtung beim Guß wird durch Verschmieren mit Lehm erzielt. Die Schale wird durch einen Bügel gegen *P* gedrückt.

Nach dem Ausgießen kommt die Schale wieder in das Futter (Fig. 169 u. 170), in dem der innere Durchmesser hergestellt wird. Die Kontrolle geschieht durch Toleranzkaliber.

Will man die Weißmetallkanten ohne Umspannen brechen, was sich empfiehlt, so ist das Aufnahmefutter *A* gegen *B* (Fig. 170) um 180° wagerecht drehbar anzuordnen, wie das durch Einzeichnen des Zapfens *Z* angedeutet werden soll.

Nun bringt man die beiden Schalenhälften auf einen Drehdorn, auf dem sie durch eine

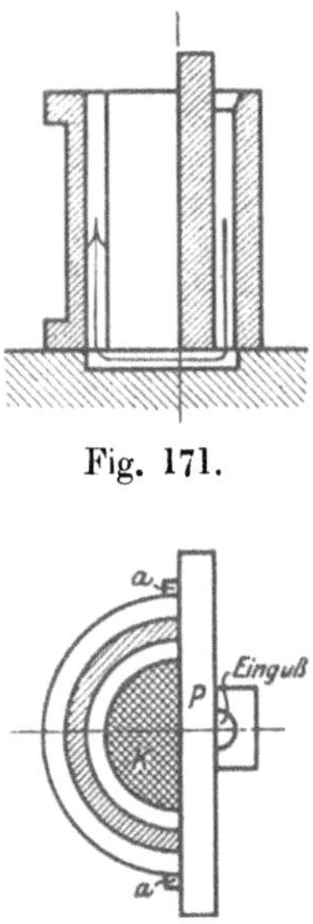

Fig. 171.

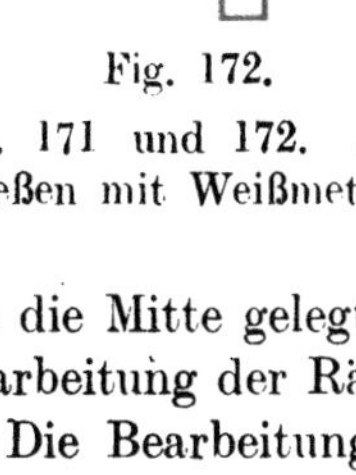

Fig. 172.

Fig. 171 und 172. Ausgießen mit Weißmetall.

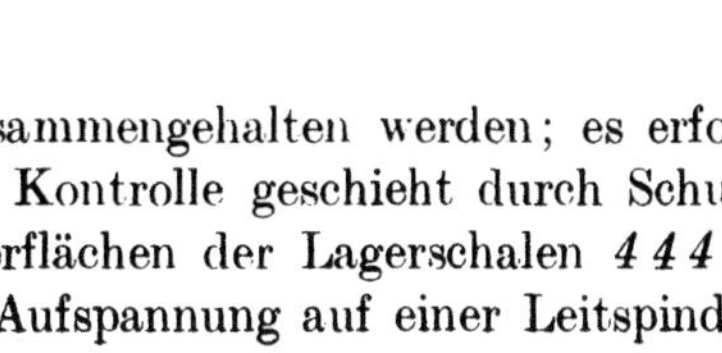

Fig. 173. Abdrehen des Umfanges.

um die Mitte gelegte Schelle zusammengehalten werden; es erfolgt die Bearbeitung der Ränder *3 3*, die Kontrolle geschieht durch Schublehre.

Die Bearbeitung der Auflagerflächen der Lagerschalen *4 4 4* erfolgt in der in Fig. 173 dargestellten Aufspannung auf einer Leitspindeldrehbank. Von den beiden Spannplatten, die gegen Drehung gesichert sind (Nut und Feder), legt sich die eine gegen einen festen Bund des Drehdorns, während die andere durch eine Mutter gegen die Schalen gepreßt werden kann.

Die Messung des Durchmessers und des lichten Abstandes der beiden Schalenränder erfolgt durch Grenzrachenlehren bzw. Endmaß.

b) Pleuelstange mit Marinekopf.

(Keine Massenfabrikation.)

Die aus Flußstahl gefertigte Stange (Fig. 174 u. 175) ist roh geschmiedet bezogen, die rohen Bohrungen für Lagerschalen und Kreuzkopfbolzen sind schon vorhanden. Nach Festlegen der Körner *K K* für die spätere Bearbeitung auf der Drehbank und nach Festlegen der Dicke der Köpfe wird die Stange auf den Tischen einer Shapingmaschine mit 2 Schlitten aufgespannt zur Bearbeitung der ebenen Flächen *a a* (Fig. 175). Das Ausrichten erfolgt nach den Körnern, das Festspannen durch Spanneisen, die Kontrolle durch Schublehre.

Mittels einer Schablone werden nach Bestimmung der Mittelpunkte von x und Z die Durchdringungskurven *b b* angerissen und durch Körner-

Fig. 174.

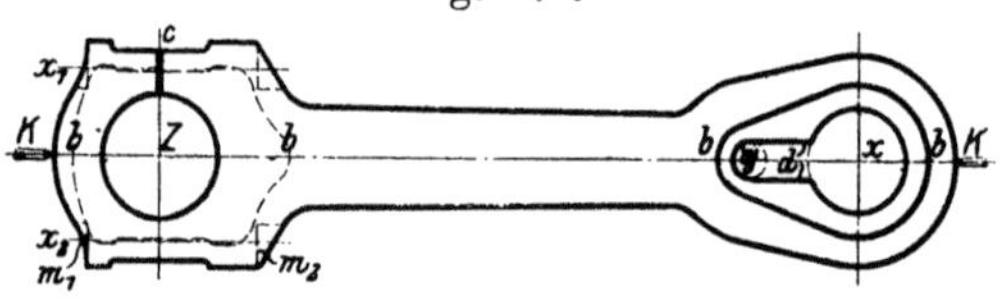

Fig. 175.

Fig. 174 und 175. Pleuelstange mit Marinekopf.

schläge festgelegt, ebenso die Mitte von y. Nach den Kurven *b b* werden die Köpfe nacheinander auf einer Leitspindeldrehbank geschruppt und geschlichtet, desgleichen die Stange selbst. (Hohlkehlen mit Formstählen).

Bevor man die nun folgende Bearbeitung der Bohrungen x_1 und x_2, x und Z sowie das Herausstoßen des Steges d vornimmt, wird auf einer Senkrechtstoßmaschine oder einer Kreissäge der Marinekopf zur Hälfte aufgeschnitten (c), damit Spannungen, die unter Umständen in diesem Kopfe vorhanden sind, sich ausgleichen können.

Die Herstellung der Bohrungen x_1 x_2 erfolgt auf einer Wagerechtbohrmaschine mittels eines Spiralbohrers, Vorreibahle und Fertigreibahle. Um ein Biegen des Kopfes beim Bohren von x_1 zu verhüten, bringt man zwischen die Schnittflächen von c ein genau passendes Eisenblech, das zum Durchlassen des Bohrers usw. eine entsprechende Bohrung besitzt. Die Auflageflächen m_1 und m_2 für Köpfe und Muttern der Befestigungsschrauben werden ebenfalls auf der Wagerechtbohrmaschine mittels Bohrstange und Messer hergestellt, wobei der Stahl für m_2 erst nach Durchstecken der Bohrstange eingesetzt werden kann.

Die Herstellung der Bohrungen x_1 x_2 muß vor Fertigstellen der Bohrung Z erfolgen, weil die fertige Bohrung Z solchen Durchmesser hat, daß sie in x_1 x_2 hineinragt, was aber ein Abbrechen der Bohrer für x_1 x_2 zur Folge haben würde. Die Aufspannung erfolgt in 2 Schraubstöcken (Fig. 176 u. 177), das Ausrichten durch Wasserwage.

In gleicher Aufspannung vollzieht sich die Bearbeitung von x und Z auf einer Senkrechtbohrmaschine, deren Ständer, um ein Umspannen

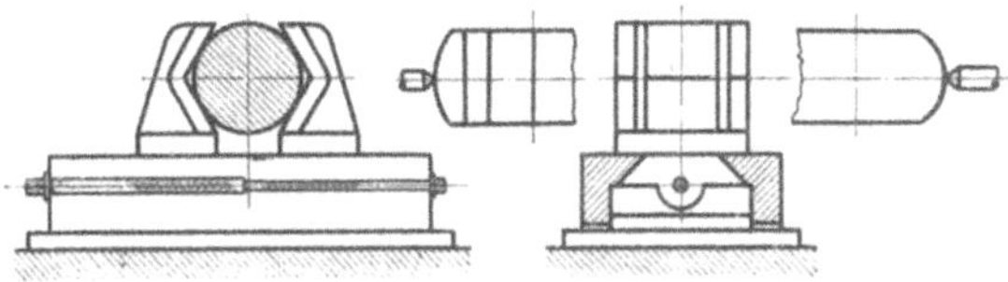

Fig. 176. Fig. 177.

Fig. 176 und 177. Einspannen der Stange zur Herstellung der Bohrungen.

der Stange und die damit möglicherweise verbundenen Fehlerquellen zu vermeiden, verschiebbar angeordnet ist, so daß die Achsen von x und Z genau parallel laufen müssen. Als Werkzeug dient die Bohrstange, zur Kontrolle dienen Grenzlehrbolzen. Die Bohrung y wird mittels Spiralbohrers auf derselben Maschine hergestellt.

Auf einer Senkrechtstoßmaschine vollzieht sich das Ausstoßen des y und x trennenden Steges d; eine Arbeit, deren Genauigkeit durch Parallelendmaße kontrolliert wird.

Zum Polieren wird die Stange auf eine Drehbank gebracht.

Hierauf wird der Marinekopf ganz aufgeschnitten, wozu man eine Stoßmaschine oder Kreissäge gebraucht.

7. Kurbelwellen.

a) Automobilkurbelwelle.

(Massenfabrikation.)

Die Kurbelwelle der Adlerwerke vorm. Heinrich Kleyer & Co., Frankfurt a. M., ist in ihrem Anfangs- und Endzustand in Fig. 178 u. 179 dargestellt. Fig. 180—185 sind die Konstruktionszeichnungen der Welle. Die rohe Kupplungsscheibe ist bedeutend stärker als dem fertigen Maße entspricht, weil man sie zum Aufspannen der Kurbelwelle beim Abdrehen der Kurbelzapfen gebraucht und eine schwache Scheibe sich verbiegen würde.

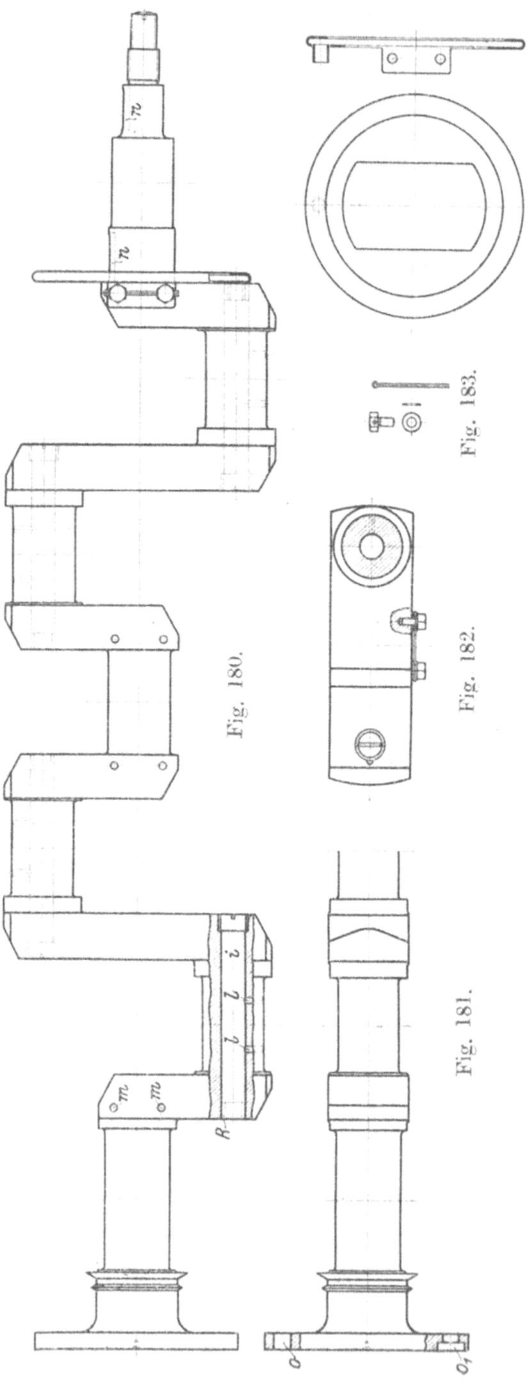

Fig. 180. Fig. 181. Fig. 182. Fig. 183. Fig. 184. Fig. 185.

Fig. 180—185. Automobilkurbelwelle.

Die Arbeit beginnt mit dem Festlegen der Wellenmitte, Anreißen der Dicke der Kurbelschenkel und Herstellung der Körner; letzteres ist durch Fig. 186 dargestellt.

Fig. 178. Rohstück.

Fig. 179. Fertige Welle.

Zur Bearbeitung der Flächen *a* und *b* (Fig. 186) ist rasches und genaues Aufspannen der Welle nötig, weshalb vor dieser Arbeit erst das Abdrehen der beiden Endzapfen auf einer Leitspindeldrehbank vorgenommen wird, wie es Fig. 187 zeigt. Zur Kontrolle dient die Schublehre.

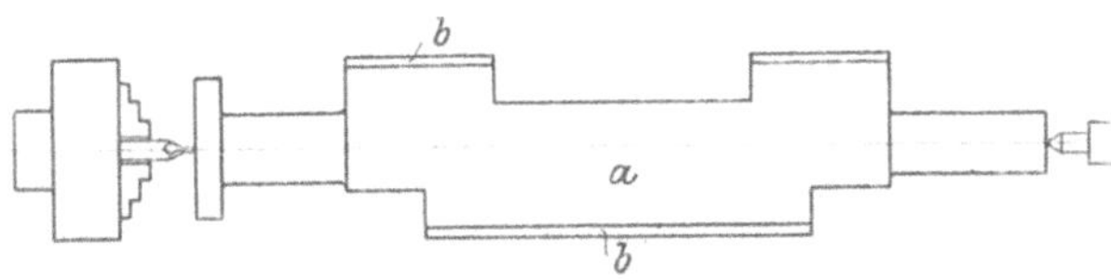

Fig. 186. Zentrieren der Welle.

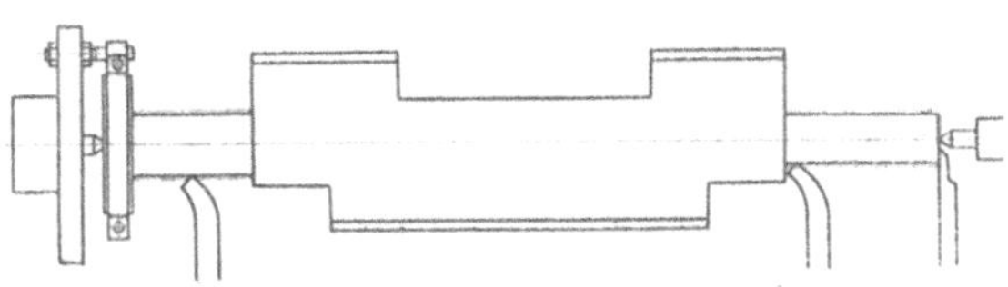

Fig. 187. Abdrehen der Endzapfen.

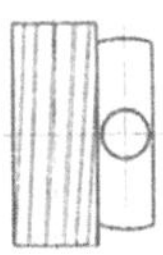

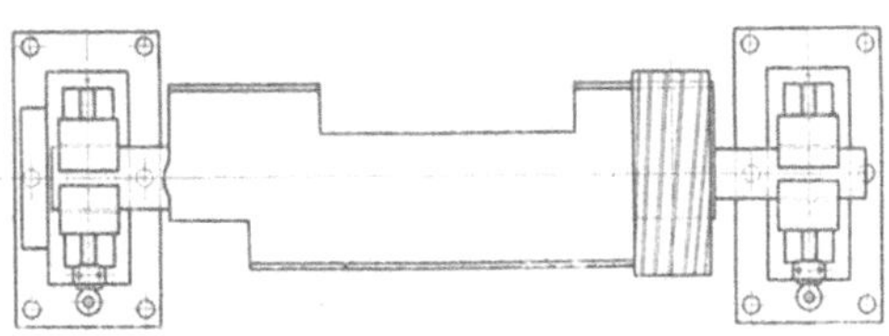

Fig. 189. Fig. 188.

Fig. 188 und 189. Fräsen der Flächen *a*.

Die Welle wird dann mit den beiden Endzapfen in zwei Parallelschraubstöcke mit prismatisch ausgesparten Backen gespannt, und es werden auf einer Wagerechtfräsmaschine zuerst die Flächen *a* mittels Walzenfräser, sodann die Flächen *b* mittels Formfräser bearbeitet (Fig. 188—189, 190—191). Die Kontrolle geschieht durch Schublehre.

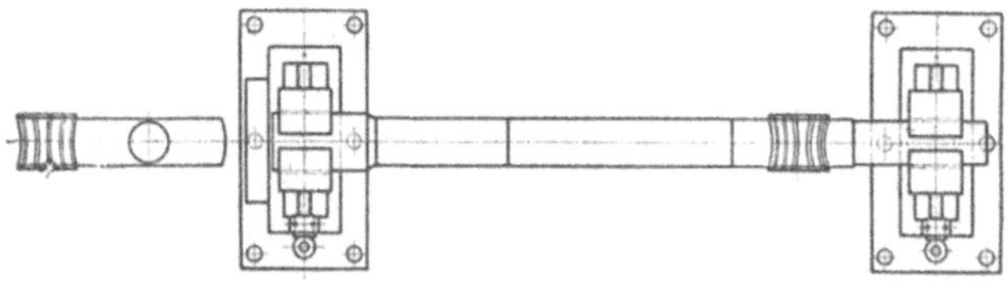

Fig. 191. Fig. 190.

Fig. 190 und 191. Fräsen der Flächen *b*.

Unter Benutzung einer Schablone reißt man sodann die Umrisse der Kurbelwelle vor (Fig. 192 u. 193) und bohrt auf einer Senkrecht-

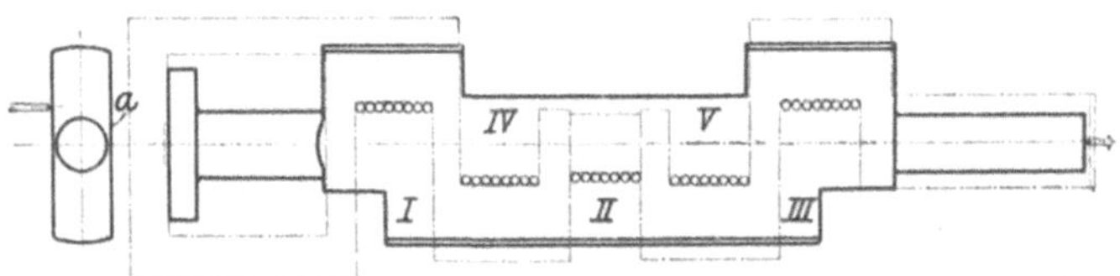

Fig. 193. Fig. 192.

Fig. 192 und 193. Anreißen der Kurbeln und Bohren der Löcher.

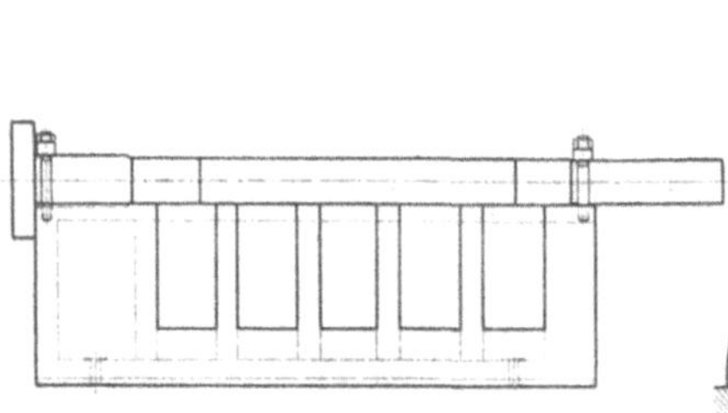

Fig. 194.

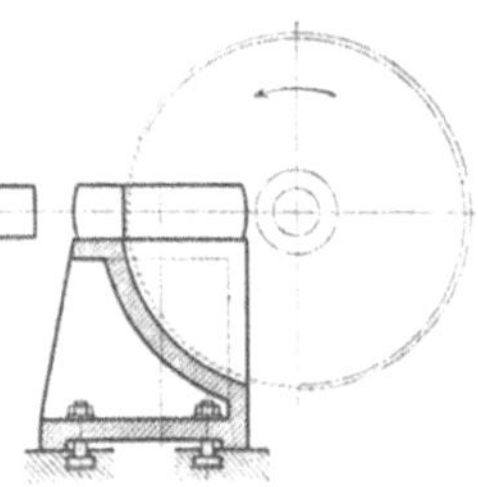

Fig. 196.

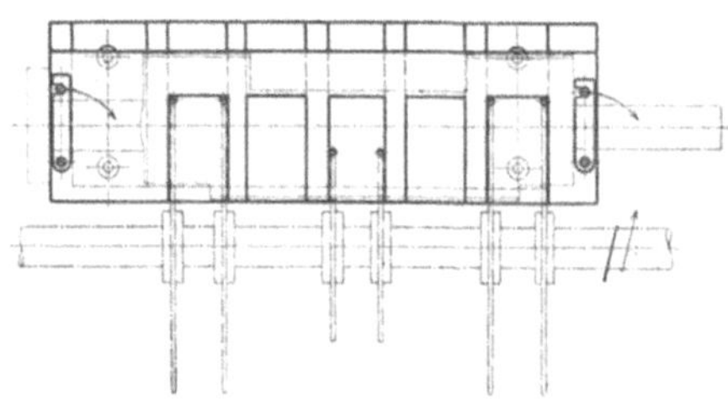

Fig. 195.

Fig. 194—196. Ausschneiden der Kurbeln mit Kreissägen.

bohrmaschine mit Spiralbohrer die in Fig. 192 angegebenen Löcher. Eine besondere Aufspannvorrichtung ist dabei nicht nötig.

Es folgt nun das Herausarbeiten der Stücke *I—V* (Fig. 192).

Das geschieht so:

Die Kurbelwelle wird mit einer Fläche *a* auf einen Hohlgußkasten (Fig. 194—196) gelegt, auf dem sie durch Spanneisen über den Endzapfen festgehalten wird; die bearbeitete Innenfläche der Kuppelscheibe dient als Anschlag zum genauen Einstellen. Der Hohlgußkasten ist mit Aussparungen versehen, die Teile eines Zylinders sind, so daß die 6 Kreissägen, die man zum Ausschneiden von *I*, *II* und *III* benutzt (Fig. 195) bis an die vorhin gebohrten Löcher schneiden können. Die verwendete Maschine ist eine Wagerechtfräsmaschine. Nach Heraussägen der Stücke *I*, *II*, *III* kommt die Welle in derselben Aufspannung auf den Tisch einer Wagerechtfräsmaschine, deren Fräswelle mit den in Fig. 197 dargestellten Fräsern ausgerüstet ist, wodurch die Innenflächen der Kurbelschenkel bearbeitet werden.

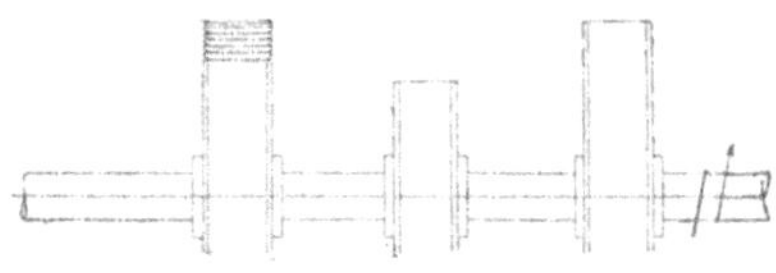

Fig. 197. Fräsen der Schnittflächen.

In gleicher Weise vollzieht sich die Bearbeitung von *IV* und *V*. Auf einer Senkrechtfräsmaschine werden sodann die scharfen Kanten gebrochen und das über die Endzapfen vorstehende Material wird weggenommen (Fig. 198) sowie die Stellen *x x* bearbeitet, denen durch Drehen nicht beizukommen ist.

Nun folgt die Bearbeitung der Zapfen *c*, *d*, *e*, in der Reihenfolge, wie die Buchstaben angeben (Fig. 199), und darauf die Bearbeitung der Kupplungsscheibe auf genauen Durchmesser und Breite.

Würde man mit der Bearbeitung von *e*, *g* und *f* anfangen, so könnte man die Kupplungsscheibe nicht zum Einspannen für Herstellung von *c* und *d* gebrauchen, da ihr Durchmesser dann zu klein wäre.

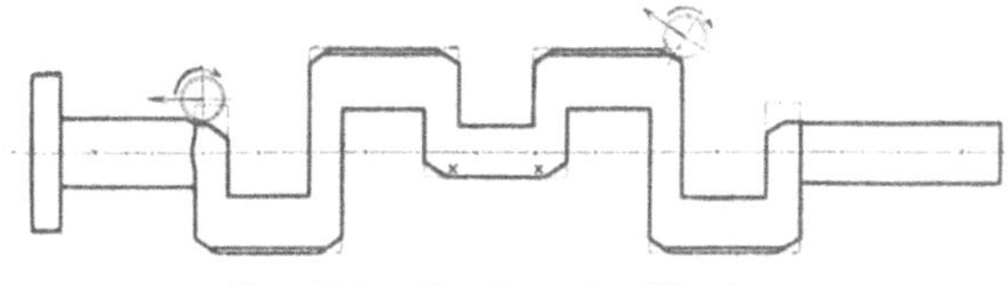

Fig. 198. Brechen der Kanten.

Um die Körner k_1 und k_2 anzureißen, legt man die Welle mit einer Fläche *a* auf eine Richtplatte, reißt mit einem auf Mitte Welle eingestellten Parallelreißer eine wagerechte Linie auf die Kupplungsscheibe und legt von der Mitte aus k_1 und k_2 fest.

Auf den anderen Endzapfen bringt man ein Hubstück, wie es Fig. 200 darstellt. Ein kräftiges Stück Flacheisen, das zur Aufnahme des Zapfens innerhalb zylindrisch ausgedreht ist, 2 an einer Seite ebenfalls zylindrisch abgedrehte Muttern, die sich in Schlitzen des Flacheisens bewegen, lassen sich durch Schrauben fest gegen den Zapfen pressen, der dadurch genau zentriert wird. Damit nun die auf dem Hubstück angegebenen Körner k_3 und k_4 mit k_1 bzw. k_2 genau übereinstimmen, richtet man die gleiche Höhenlage von k_3 und k_4 mit einem Parallelreißer aus und zieht dann die Preßschrauben fest.

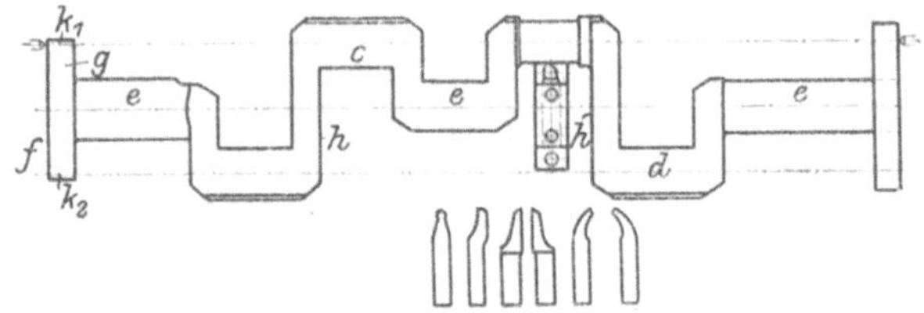

Fig. 199. Fertigarbeiten der Zapfen.

Mit den in Fig. 199 dargestellten Werkzeugen erfolgt die Bearbeitung der Zapfen und der Flächen *h*.

Die genaue Gestalt des fertigen Zapfens (Fig. 199) wird mit einer Schablone kontrolliert, der Durchmesser mit Toleranzkaliber.

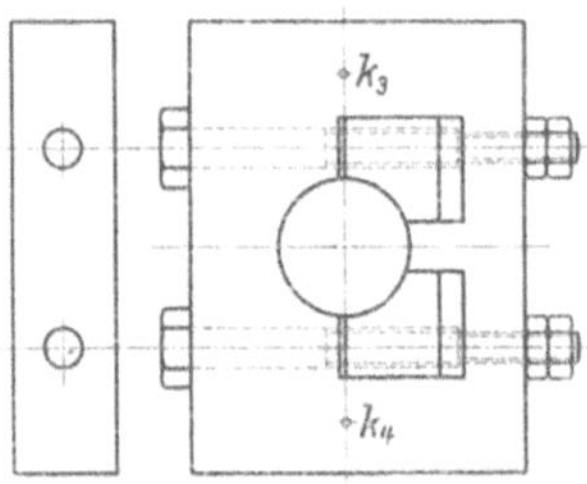

Fig. 200. Hubstück zur Bearbeitung der Kurbelzapfen.

Fig. 201 zeigt die Welle mit fertig geschlichteten Zapfen, Spritzring usw.

Die Ölzufuhr zu den Kurbelzapfen geschieht, wie Fig. 180, 184, 185 zeigen, durch Schleuderringe. Deshalb müssen die Zapfen durchbohrt werden (Fig. 180).

Das geschieht auf einer Wagerechtbohrmaschine (Fig. 201), auf deren Tisch die zur Erzielung der genauen Lage gegen Winkel gelegte Welle mit Spanneisen festgespannt wird. Man bedient sich dabei einer Bohrschablone, die über den Kurbelschenkel geschoben wird.

Die Löcher in je 2 Zapfen müssen von einer Seite gebohrt werden, da die Kupplungsscheibe sonst im Wege ist.

Auf einer Senkrechtbohrmaschine stellt man die Löcher *l l* (Fig. 180) her unter Verwendung einer Bohrschablone, die gleichfalls auf die Kurbel-

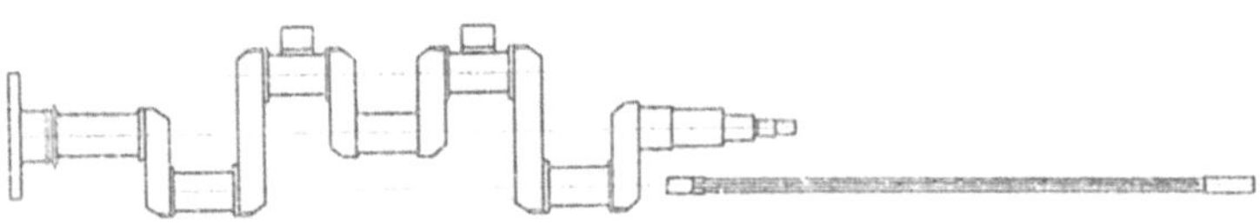

Fig. 201. Ausbohren der Schmierkanäle.

schenkel geschoben wird; dort werden auch ebenfalls mittels Bohrschablone die zur Befestigung des Ölschleuderringes dienenden Löcher *m m* (Fig. 180) gebohrt und mit Gewinde versehen. Während die letzte Arbeit keine Aufspannvorrichtung verlangt, ist die vorhergehende bei Einspannung im Parallelschraubstock vorzunehmen. Auch das Bohren der Löcher $o\,o_1$ (Fig. 181) in der Kupplungsscheibe erfolgt auf der Senkrechtbohrmaschine gleichfalls mit Bohrschablone. Kontrolle durch Grenzlehrbolzen. Die Löcher o_1 werden mittels Kopfsenkers hergestellt. Die Löcher i sind an einem Ende zu schließen. Es wird von Hand Gewinde eingeschnitten und ein Stopfen eingedreht, der durch einen Körnerschlag gegen Losdrehen gesichert wird. In das andere Ende von i ist ein Ring R zu bringen, da sonst das Öl aus i herausfließen würde. R wird eingepreßt. In die Bohrung von R paßt der Zapfen an dem Schleuderring.

Die Herstellung der Nuten $n\,n$ erfolgt auf einer Senkrechtfräsmaschine

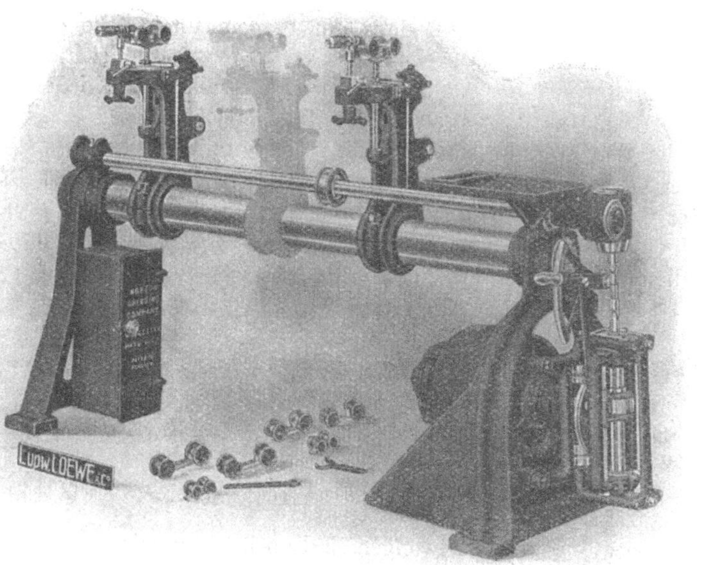

Fig. 202. Norton-Auswuchtmaschine von Ludw. Loewe & Co.

bei Einspannung im Parallelschraubstock. Kontrolle durch Parallelendmaße.

Die Kontrolle des dynamischen Gleichgewichtes der schnellaufenden Kurbelwelle geschieht auf einer Norton-Auswuchtmaschine, die von Ludw. Loewe & Co., Berlin, gebaut wird (Fig. 202).

Während man sich früher auch bei schnellkreisenden Maschinenteilen mit der Herstellung des statischen Gleichgewichts begnügte — durch Zufügen bzw. Beseitigung von Material —, ist man heute von diesem unsicheren Verfahren abgekommen, da z. B. eine im statischen Gleichgewicht befindliche Kurbelwelle nicht notwendigerweise im dynamischen Gleichgewicht zu sein braucht. Auf der Norton-Auswuchtmaschine wird das fragliche Maschinenteil, auf dessen ruhigen, erschütterungsfreien Gang Wert gelegt wird — außer Kurbelwellen noch z. B. Messerköpfe von Holzbearbeitungsmaschinen, Riemenscheiben —, im Betriebszustande geprüft. Fallen bei einem kreisenden Körper geometrische Mittellinie und Schwerlinie zusammen, so wird der Körper ohne Erschütterung kreisen. Weichen dagegen beide Linien voneinander ab, so sucht sich der Körper um die Schwerlinie zu drehen, d. h. er schlägt nach der leichteren Seite hin aus, ein Vorgang, den die Norton-Auswuchtmaschine aufzeichnet, wodurch ein genaues Nacharbeiten ermöglicht ist.

Zur Erklärung der Anfang 1912 auf dem Markte erschienenen Maschine dient das beigefügte Schaubild.

Die zu prüfende Welle wird mit den Endlagerzapfen auf 2 kleine Wagen gelegt, die auf den Kopf gestellt sind, so daß die Lagerzapfen der Kurbelwelle auf den Rädern der Wagen ruhen. Die Entfernung der Wagenachsen und Durchmesser der Räder richtet sich nach dem Zapfendurchmesser der zu untersuchenden Welle. Verschiedene dieser kleinen Wagen sieht man unter der Maschine liegen.

Jeder Wagen stützt sich auf eine kräftige Spindel, die ihre Stützung in einer Pfanne findet, deren Höhenlage durch die oben sichtbare Knopfmutter verändert werden kann. Das Halslager für diese Spindel besteht aus einem in die Platte des Arbeitstischchens eingelassenen Gummiringe, so daß radiale Schwankungen der Spindel übertragen werden können. Diese Schwankungen werden deutlich sichtbar gemacht durch einen langen Zeiger — der weiße konische Strich —, der die kleinen Stöße ins Große übersetzt. Um aber an der Kurbelwelle selbst die Ausschläge kenntlich zu machen, hat man auf dem Arbeitstischchen eine Metallnadel befestigt, die in senkrechter und wagerechter Richtung genau eingestellt werden kann. Dieser Stift bringt in einem dünnen Farbüberzug, den man auf die Zapfen aufgetragen hat, Striche hervor, die die schlagende Stelle anzeigen.

Die erwähnten Einrichtungen sind an kräftigen Armen angebracht, die auf dem runden Balken verschiebbar angeordnet sind.

Je nach dem zu untersuchenden Stück braucht man 2 oder mehr solcher Lagerarme, z. B. für vielfach gekröpfte Wellen bis 5 Stück, so daß man dann außer den beiden Endstellen noch 3 mittlere Stellen untersuchen kann.

Der Antrieb der zu untersuchenden Wellen erfolgt mittels Riemens, der um einen der mittleren Lagerzapfen und die kleine Riemenscheibe auf der Antriebswelle der Maschine gelegt ist. Diese Riemenscheibe ist verschiebbar und leicht durch einen geschlitzten Konus auf der Welle zu befestigen. Die Antriebswelle wird betätigt durch einen Elektromotor unter Zwischenschaltung eines Reibungsradvorgeleges (rechts unten).

Der Gang der Untersuchung ist so:

Die Welle wird auf die auf Länge eingestellten Wagen gelegt und durch Messen vom runden Balken aus oder mit Wasserwage die genaue

Höhenlage der Zapfenmitten festgelegt. Dann wird der Riemen aufgebracht und die Prüfzapfen werden mit dünner Farbschicht bedeckt. Nach den Markierstrichen wird die schwere Seite entlastet, was hier am einfachsten durch Ausbohren der Verschlußstopfen der Ölkanäle in den Kurbelzapfen geschieht oder durch Austauschen der eisernen Stopfen gegen solche aus Aluminium usw. Danach wieder Kreisen, bis der Zeiger ruhig steht.

b) Kurbelwelle für 2-Zylinder-Dieselmotor.

(Keine Massenfabrikation.)

Fig. 203 u. 204 zeigen die fertig bearbeitete Welle. Der Zapfen Z_1 dient zum Antrieb des Luftkompressors. Die Kurbelwelle wird in der aus Fig. 205 u. 206 ersichtlichen Gestalt roh geschmiedet vom Stahlwerk

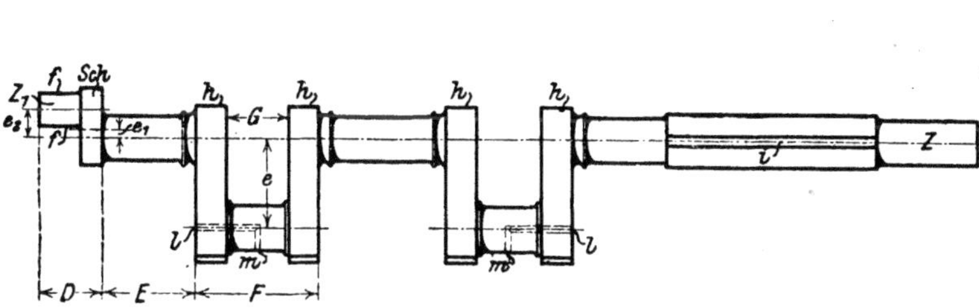

Fig. 203.

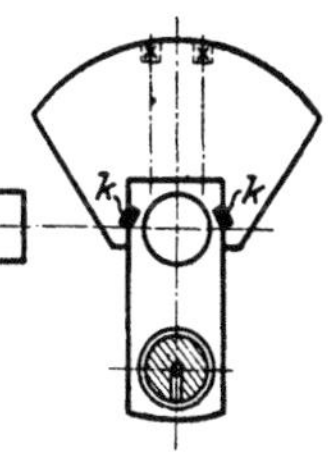

Fig. 204.

Fig. 203 und 204. Kurbelwelle für 2-Zylinder-Dieselmotor.

bezogen, das die erste Arbeit, das Herausnehmen der Stücke *a a*, schon besorgt hat.

Zunächst werden die Körner *x x* vorgezeichnet und gebohrt, die Längenmaße wie zum Beispiel *D, E, F, G* (Fig. 203) werden angerissen.

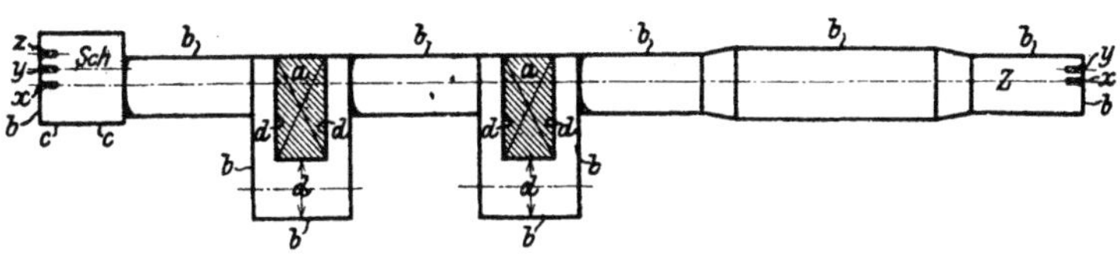

Fig. 205.

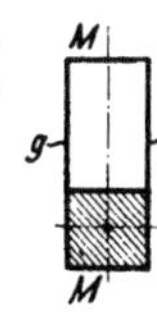

Fig. 206.

Fig. 205 und 206. Rohstück für Kurbelwelle.

Die Welle wird auf einer Leitspindeldrehbank zwischen die Spitzen genommen und an den Flächen *b b* geschruppt (seitliche Armflächen fertig).

Die Planscheibe ist durch Gegengewichte in geeigneter Weise zu beschweren. In die Lücken *a a* bringt man Spannschrauben, die ein Verbiegen der Kurbelarme verhindern sollen. Als Meßinstrument dient die Schublehre.

Nun legt man die Mitten der Kurbelzapfen und die Körner y, z sowie $M\ M$ fest.

Dazu bringt man die Lagerzapfen auf Klötze, die auf einer Anreißplatte stehen, richtet die genaue Höhenlage von $x\ x$ mit Parallelreißer aus, bringt die Kurbelarme in wagerechte Lage, bestimmt die Mitte des Kurbelzapfens, reißt auf dem Arm $M\ M$ an, deren Verlängerung man auf den Stirnen von *Sch* und *Z* verzeichnet, danach werden y und z bestimmt entsprechend den Exzentrizitäten e_1 und e_2 (Fig. 203).

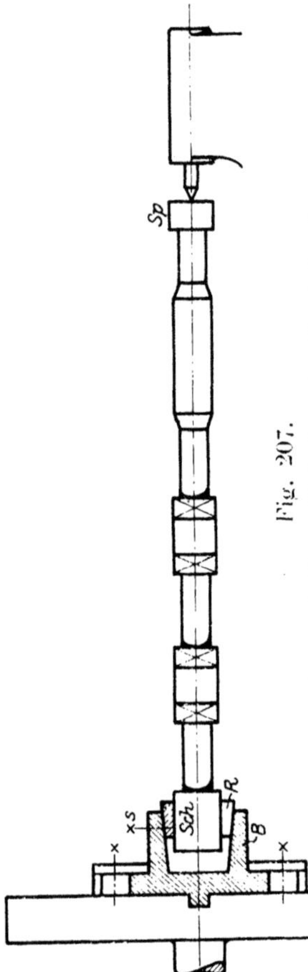

Fig. 207.

Fig. 207 und 208. Abdrehen der Kurbelzapfen.

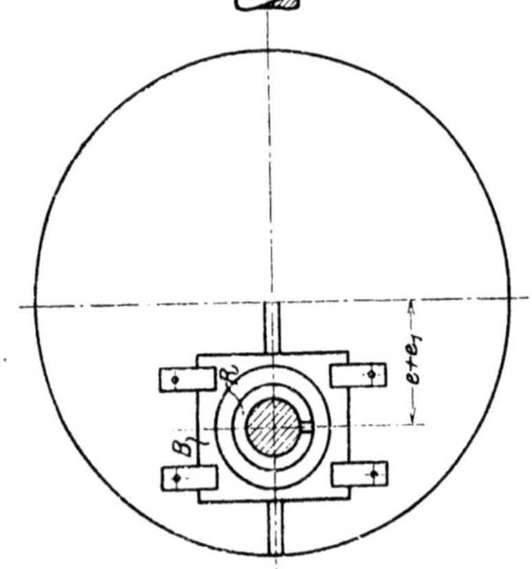

Fig. 208.

Mit den Körnern $y\ y$ nimmt man die Welle auf einer Leitspindeldrehbank zwischen Spitzen und dreht *Sch* auf seinen Enddurchmesser $c\ c$ (Fig. 205). Zur Kontrolle dient die Schublehre.

Zur Bearbeitung der Kurbelzapfen bringt man (Fig. 207 u. 208) *Sch* in eine Büchse *B*, die innen konisch ausgedreht ist; in *B* wird *Sch* durch einen außen konisch gedrehten, geschlitzten Ring *R* festgehalten. Die Lage von *R* wird durch eine Schraube *s* gesichert. *B* wird in einem radialen Schlitz der Planscheibe geführt, dessen wagerechte Lage beim Aufspannen kontrolliert wird, und in der nötigen Entfernung $e + e_1$ von Mitte Planscheibe durch Spanneisen festgehalten.

Auf *Z* hat man eine Aufspannvorrichtung *Sp* nach Fig. 209 u. 210 gebracht: ein kräftiges Eisenstück, das mit einer Bohrung versehen und an der einen Seite geschlitzt ist und durch Schrauben auf *Z* festgeklemmt werden kann. In *Sp* ist in der Entfernung e ein Körner gebohrt. Die Welle wird nun durch eine auf die Lagerzapfen gesetzte Wasserwage bei wagerechter Lage von $M\,M$ ausgerichtet.

Außer den Kurbelzapfen, die noch poliert werden, werden hier die Innenflächen der Arme bearbeitet. Zum Messen benutzt man Toleranzrachenlehre und Schublehre. Darauf bringt man den Zapfen Z in die um e_2 exzentrisch aufgespannte Büchse B (nach Austauschen des Ringes R), die Reitstockspitze in den Körner z und dreht nun den Zapfen Z_1 auf Länge und Durchmesser. Auch Z_1 wird poliert.

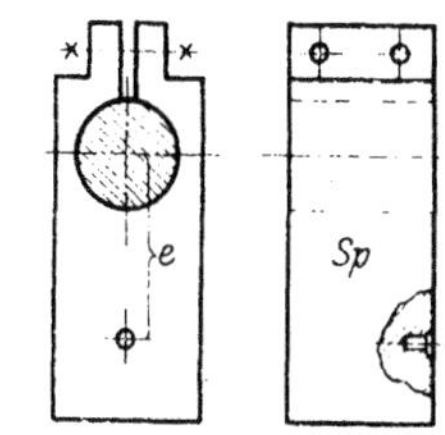

Fig. 209. Fig. 210.
Fig. 209 und 210. Hubstück zum Abdrehen der Kurbelzapfen.

Dann folgt die Fertigbearbeitung der Welle an den Flächen $b\,b$ und das Polieren der Lagerstellen.

Dazu spannt man Sch in B, da der eine Körner x bei Herstellung von Z_1 weggedreht wurde. B ist um e_1 exzentrisch aufzuspannen. Die Kontrolle geschieht durch Toleranzrachenlehren.

Die Bearbeitung der Flächen $g\,g$ (Fig. 206) an den Kurbelarmen

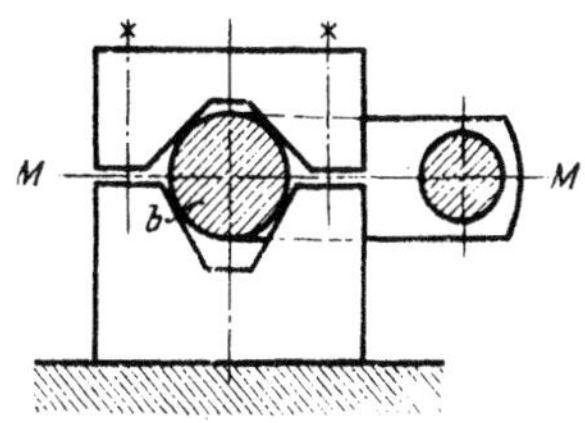

Fig. 211. Bearbeiten der Kurbelarme.

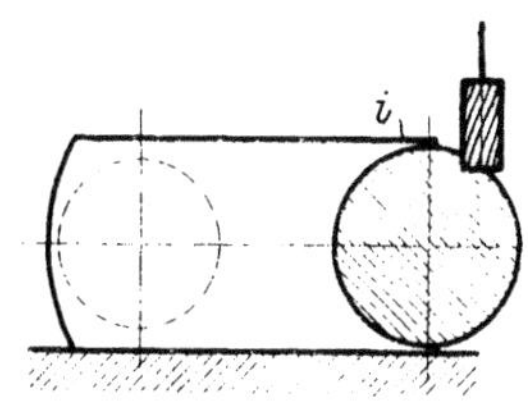

Fig. 212. Einfräsen der Keilnuten für Schwungrad.

erfolgt auf einer Senkrechtfräsmaschine. Die Zapfen b (Fig. 211) sind eingespannt, mittels Wasserwage ist die wagerechte Lage der Welle, mit Parallelendmaßen die von $M\,M$ zu kontrollieren, die Arme sind zu unterklotzen.

Als Werkzeug dient ein Messerkopf. Kontrolle durch Schublehre.

Der Messerkopf wird mit einem Schaftfräser vertauscht, mit dem die Flächen $h\,h$ (Fig. 203) bearbeitet werden.

In gleicher Aufspannung geschieht die Herstellung der einen Nut i für die Tangentialkeile (Fig. 212); die zweite Nut wird nach Drehen um 120^0 erzeugt. Kontrolle durch Lehre.

Fig. 213. Einfräsen der Keilnuten für Gegengewichte.

Die Arme werden dann in die durch Fig. 213 dargestellte schräge Lage gebracht, und es werden in die Schmalseiten der Arme die Nuten k zur Befestigung der Gegengewichte eingefräst.

Die Löcher *l* und *m* für die Zapfenschmierung werden auf einer Wagerechtbohrmaschine hergestellt.

Anstatt alle Dreharbeiten, wie hier beschrieben wurde, auf der Leitspindeldrehbank vorzunehmen, kann man für die Bearbeitung der Kurbelzapfen auch eine Kurbelzapfendrehbank benutzen, bei der die Stähle um die zentrisch aufgespannten feststehenden Kurbelzapfen kreisen.

8. Kolben.

a) Automobilmotorkolben.

Fig. 214—216 zeigen einen rohen Kolben der Adlerwerke vorm. Heinrich Kleyer & Co., Frankfurt a. M. Am vorderen Ende ist eine ringförmige Verdickung vorgesehen zur Erzielung dichten Gusses. Am Kolbenboden ist ein kräftiger Vollzylinder *St* von 45 mm ∅ und 60 mm Länge angegossen, der zum Einspannen auf der ersten Maschine dient. Man spart dadurch ein sonst notwendig werdendes Umspannen des Kolbens.

Vor der Beschreibung der Bearbeitung des Automobilkolbens sei das Abformen des Kolbens besprochen, da es interessieren dürfte, wie derartige Kolben auf Formmaschinen als Massenfabrikationsgegenstände eingeformt werden.

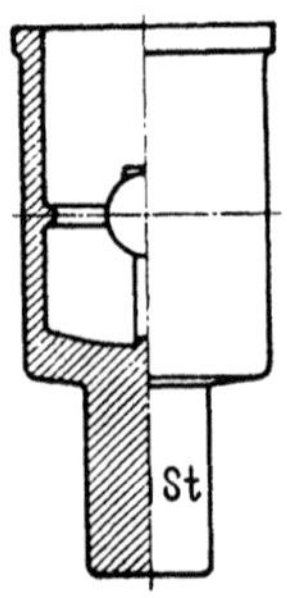

Fig. 214.

Fig. 215.

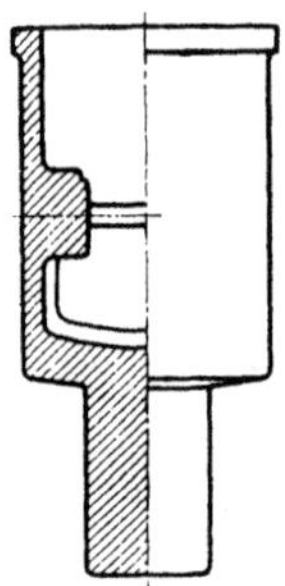

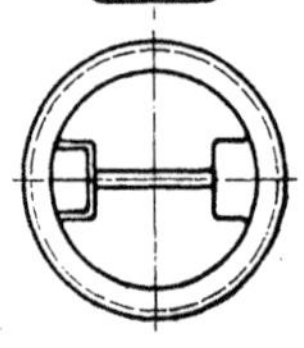

Fig. 216.

Fig. 214—216. Roh gegossener Automobilkolben.

Da es sich um Massenherstellung handelt, wird man danach sehen, den Kern zugleich mit einem Kasten herzustellen, um die Zeit für Herstellung eines besonderen Kernes in Kernbüchsen und die Zeit für das Einsetzen des fertigen Kernes in die Form zu sparen.

Ein Blick auf die Fig. 214—216 läßt aber erkennen, daß die Erzeugung des Kernes im Modelle selbst wegen der ringsumlaufenden Rippen und der Warzen für den Kolbenbolzen nicht ohne weiteres möglich ist.

Das Abformen des Modells im Oberkasten auf einer Durchzugformmaschine zeigen die Fig. 217—219.

Das Modell, für dessen Anfertigung Metall benutzt ist, besteht aus 3 Teilen:

A für den Kolbenmantel,

B für den zylindrischen Ansatz am Kolbenboden,

R für den Verstärkungsring am Kolbenanfang.

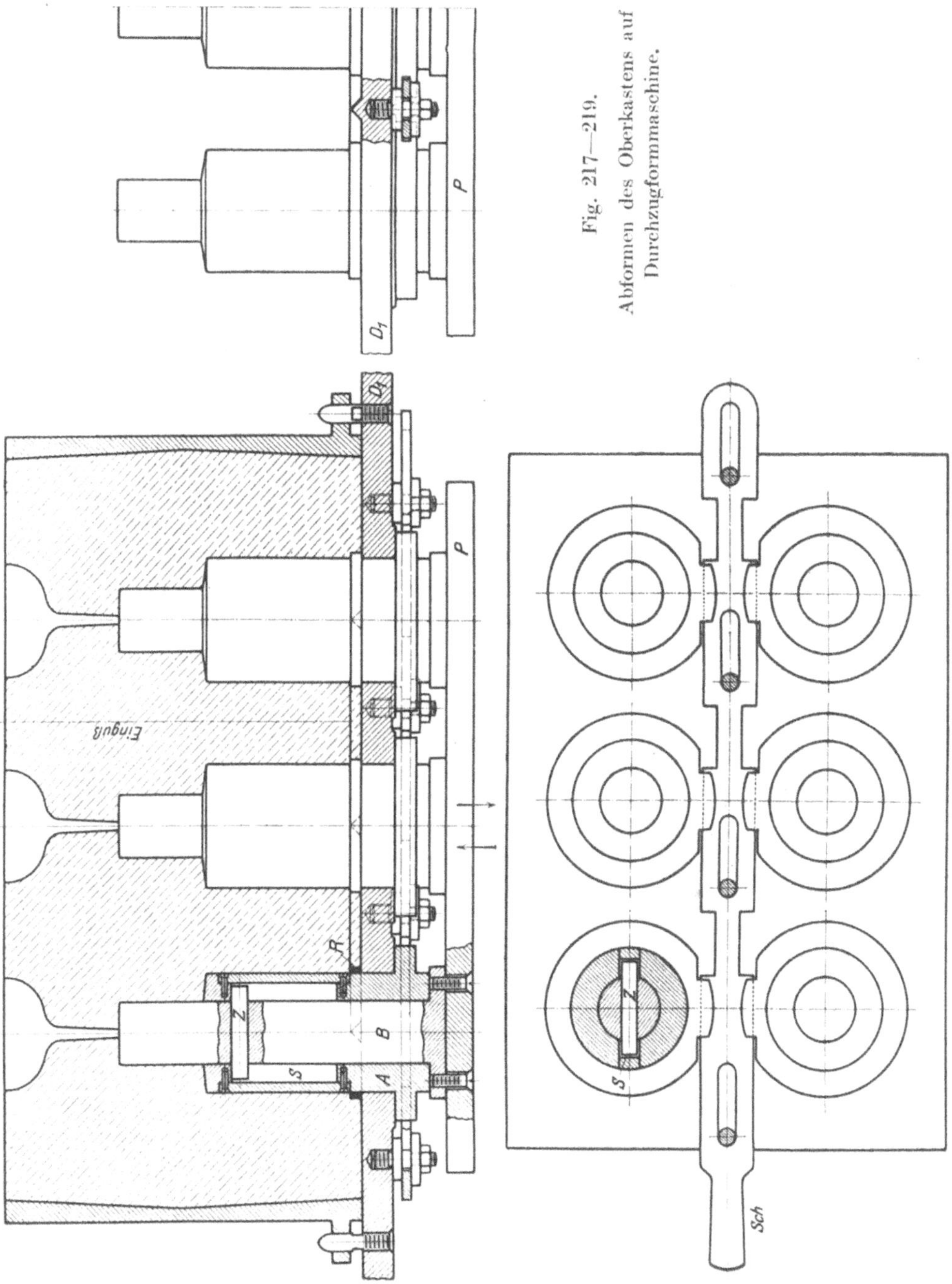

Fig. 217—219.
Abformen des Oberkastens auf Durchzugformmaschine.

Es werden zu gleicher Zeit 6 Modelle eingeformt.

Die Teile *B* sind auf einer rechteckigen Platte *P*, die genau senkrecht geführt wird, mit je 4 versenkten Schrauben befestigt.

Eine Zerlegung des Modells in die Teile *A* und *B* war aus dem Grunde nötig, weil an der Übergangsstelle des zylindrischen Hilfsteiles in den Kolbenboden beim Ausheben des ungeteilten Modells leicht Verreißungen des Formstoffes auftraten.

So bietet beim Durchziehen von *B* der Kolbenboden dem Formstoffe eine Stützfläche, die das Abbröckeln des Sandes wirksam verhindert.

Um nun aber nicht für jedes der Teile *A* und *B* eine besondere Durchziehvorrichtung verwenden zu müssen, ist die Konstruktion so ausgeführt, daß, nachdem *B* tief genug gesenkt ist, Teil *A* von selbst mitgenommen wird.

Diese Mitnahme besorgt ein zylindrischer Stift *Z*, der, durch *B* gesteckt, sich in 2 Schlitzen von *A* bewegen kann. Diese Schlitze sind durch eingelötete Plättchen, die noch mit *A* verschraubt sind, geschlossen.

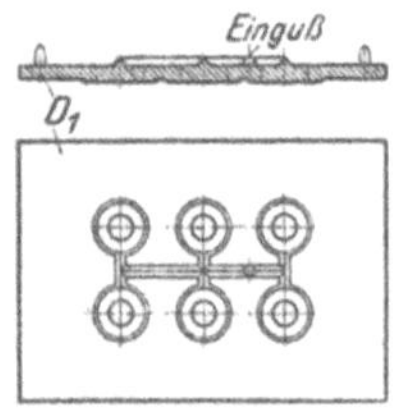

Fig. 220 und 221. Durchzugplatte mit Zuflußkanälen zu den 6 Formen.

Damit nicht eine vorzeitige Mitnahme von *A* durch *B* infolge der Reibung erfolgt, kann der Niedergang von *A* gesperrt werden.

Das ist dadurch erreicht, daß in die Flanschen, mit denen die 6 Teile *A* sich auf die Durchzugplatte D_1 stützen, an je 2 gegenüberliegenden Stellen rechteckige Schlitze eingearbeitet sind, in die die rechteckige Schieberstange *Sch* eingreift, die selbst wieder an D_1 geführt ist.

Soll *A* gesenkt werden, so wird *Sch* verschoben, bis die Ausklinkungen von *Sch* den Schlitzen in den Flanschen von *A* gegenüberstehen.

Eine Drehung von *A* wird durch die Stifte *Z* verhindert.

Der Ring *R*, der in keiner festen Verbindung mit dem Modellteil *A* steht, wird nach Abheben des Oberkastens entfernt.

Fig. 220 u. 221 zeigen die Durchzugplatte D_1 mit den Zuflußkanälen zu den 6 Formen.

Aus den Fig. 222—225 geht die Herstellung des Unterkastens mit den 6 Kernen hervor.

Als Formmaschine hat man hier eine Wendeplattenformmaschine verwendet, auf deren Platte unten 6 Hohlzylinder *E* geschraubt sind, die zur Aufnahme der geteilten Kernbüchsen *F* dienen.

Nach Aufsetzen des Unterkastens auf die Wendeplatte werden zunächst die Kernbüchsen aufgestampft, dann wird der Kasten gefüllt und zur Versteifung der Kerne in jeden Kern ein kräftiger Eisenstift *L* gedrückt.

Nach Vornahme der bekannten Arbeiten, Glattstreichen der Unter-

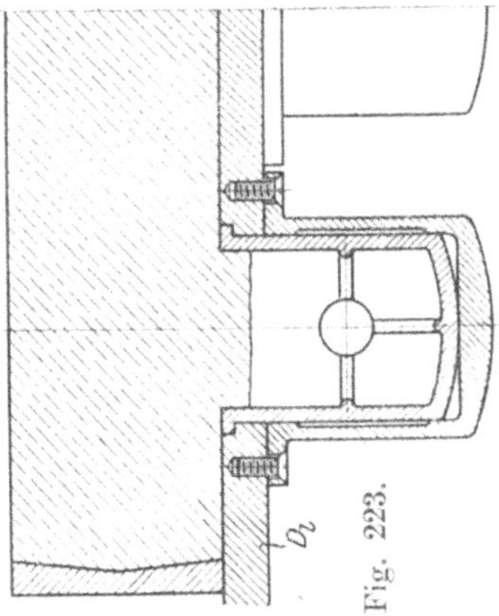

Fig. 223.

Fig. 222—225. Abformen des Unterkastens mit 6 Kernen auf Wendeplattenformmaschine.

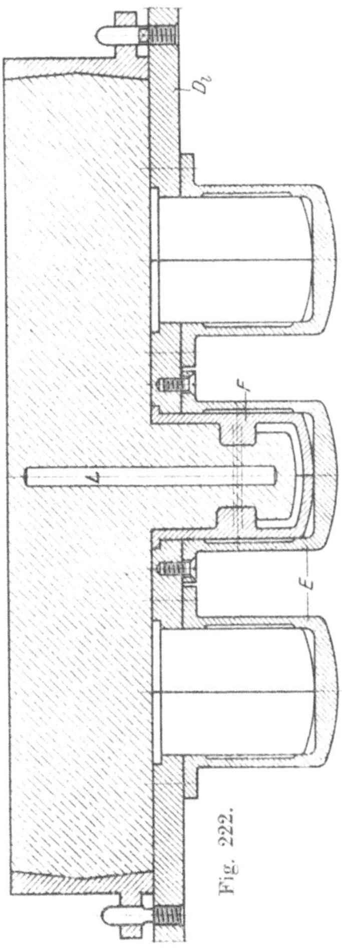

Fig. 222.

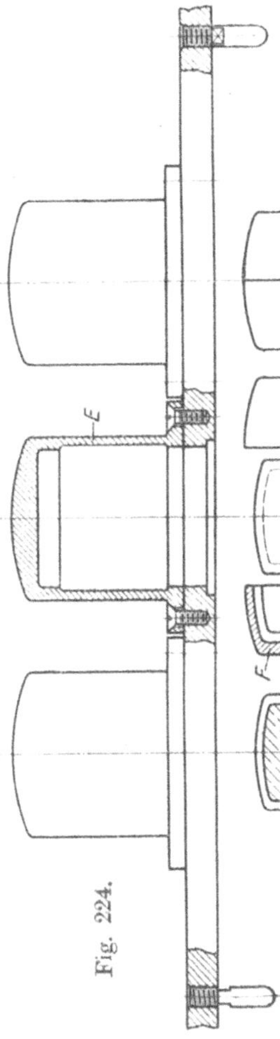

Fig. 224.

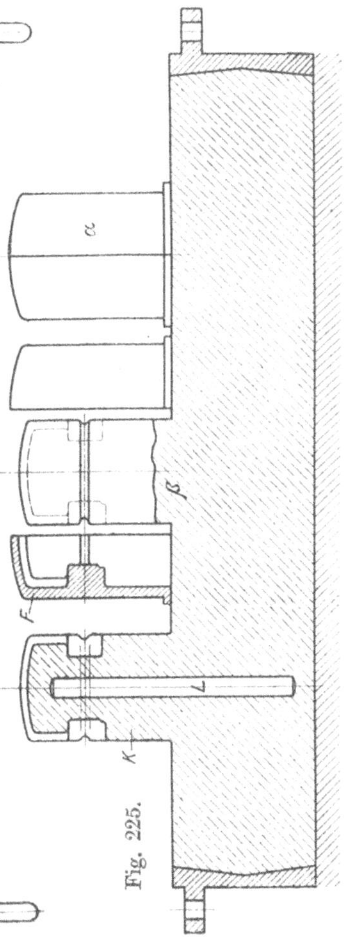

Fig. 225.

fläche des Unterkastens und Luftstechen wird die Wendeplatte gedreht (Fig. 224—225) und der Kasten gesenkt.

Fig. 224 zeigt die Modellplatte ohne die Kernbüchsen. Fig. 225: α zeigt die Kernbüchsen, wie sie nach dem Senken der Unterkasten stehen, β das Wegziehen der Kernbüchsenhälften nach rechts und links, K den fertigen mit dem Unterkasten verbundenen Kern.

Fig. 226 zeigt die zusammengesetzte gußfertige Form.

Die erste Bearbeitung vollzieht sich auf einer Revolverdrehbank, deren Revolversupport alle zur Bearbeitung nötigen Stähle trägt. Als Aufspannvorrichtung wird ein Achtschraubenfutter benutzt, in das der Zapfen *St* gespannt wird.

Es folgen sich die Arbeitsvorgänge, wie sie aus Fig. 227 u. 228 ersichtlich sind: zuerst das Ausschruppen des inneren Teiles *a*, das Abdrehen des vorderen Endes *b*, Schruppen des äußeren Umfangs *c* mit 2 mm Zugabe für die spätere Bearbeitung. c_1 ist aber schon auf den genauen Durchmesser zu bearbeiten, da es für späteres Einspannen benutzt wird. Man kann das tun, da c_1 zum Kolbenboden gehört und sich beim Einbringen des Kolbenbolzens, was vor völliger Fertigstellung des Kolbens geschieht, nicht verziehen wird, eine Gefahr, die für die anderen Teile des Umfangs vorliegt.

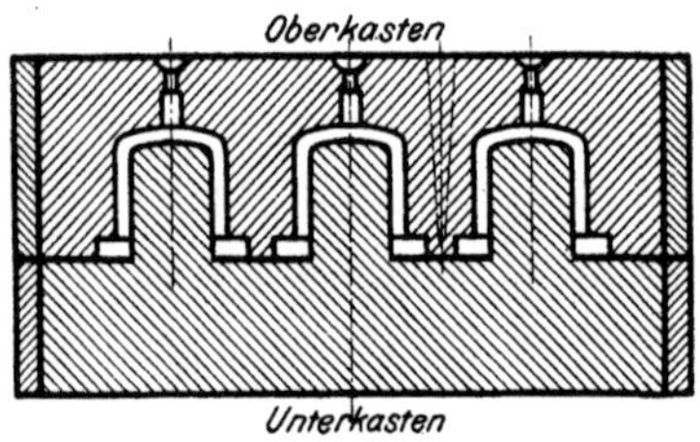

Fig. 226. Gußfertige Kolbenform.

Es wird sodann der Umfang an der Stelle, wo der Kolbenbolzen eingebracht wird, abgefast (*e*). Sodann wird der Boden nach *f* geschruppt und zum Schluß der Kolben abgestochen. Kontrollwerkzeuge sind: für *a* Lochtaster, für *c* und *e* Schublehre, für c_1 Toleranzrachenlehre, für *d* (Herstellung der 4 Nuten durch ein Formmesser) Nutenlehre.

Nachdem die Mitte für den Kolbenbolzen angerissen ist, spannt man den Kolben auf den Winkel *W*, der an der Planscheibe *Pl* einer Revolverdrehbank befestigt ist (Fig. 229 u. 230). Der Kolben steht in einer in *W* eingedrehten ringförmigen Vertiefung und wird durch 2 Schrauben mittels des Bleches *Sp* festgehalten.

Der Revolverkopf der Bank trägt einen Spiralbohrer, mit dem zunächst ein zylindrisches Loch in beiden Augen hergestellt wird. Den Konus erzeugt man durch einen Spezialsupport am Revolverkopf der Drehbank. Vor- und Fertigreibahlen, die man dann zur Wirkung bringt, stellen das genaue konische Loch her, dessen Genauigkeit man mit einem Konuskaliber kontrolliert (*h*, Fig. 227).

Die nächste Arbeit ist die Herstellung der ebenen Flächen *i* (Fig. 227) an den Warzen für den Kolbenbolzen, die genau senkrecht zur Mittellinie des konischen Loches stehen sollen.

Die Bearbeitung ist nach Fig. 231 folgendermaßen gedacht.

Der Kolben findet seine Unterstützung auf 2 Stählen, die auf den Support einer Leitspindeldrehbank gespannt sind. Ehe der Fräsdorn D in den Kolben gesteckt wurde, hatte man in die kleinere der beiden konischen Bohrungen von innen eine außen konisch, innen zylindrisch gestaltete Rotgußhülse K_2 gebracht, die, wie auch K_1, zur genau zentrischen Führung von D dient.

Fig. 227.

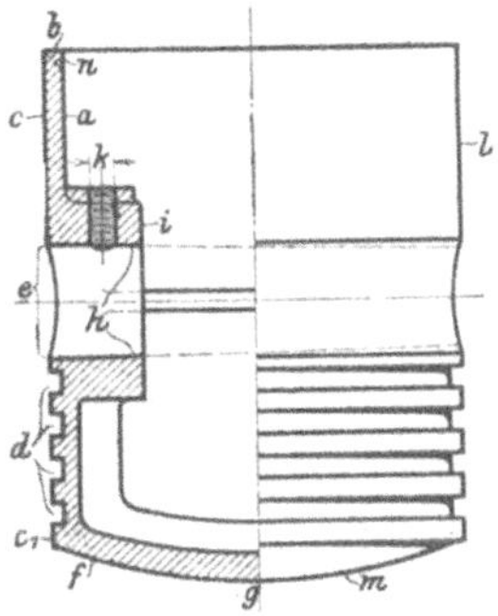

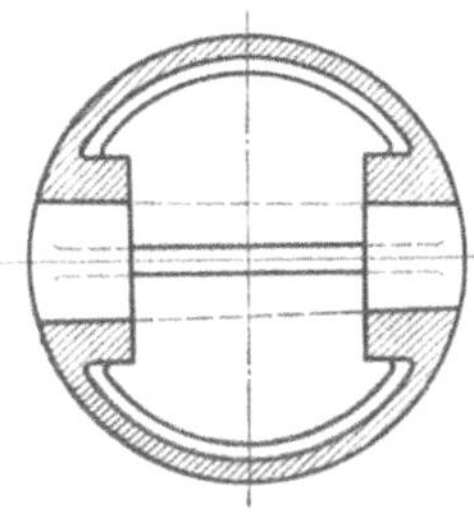

Fig. 228.

Fig. 227 und 228. Automobilkolben.

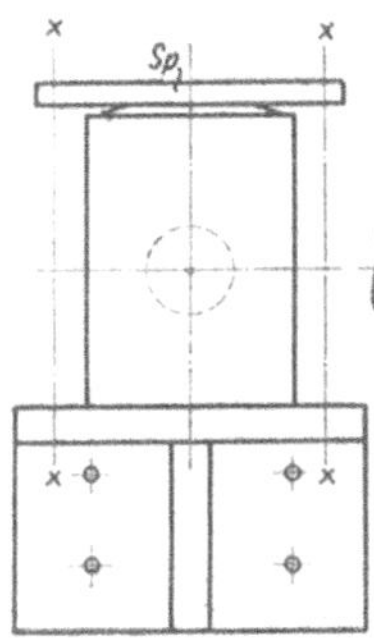

Fig. 230.

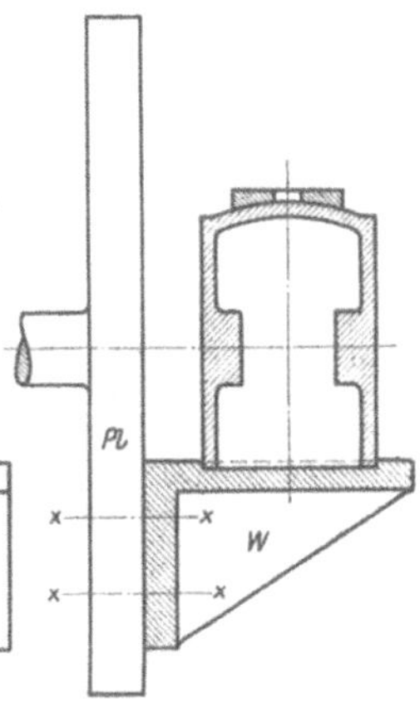

Fig. 229.

Fig. 229 und 230. Herstellen der Bohrung für den Kolbenbolzen.

Bevor man D mit der einen Hand von links her einschiebt, hat man auf D die Scheibe Sch_1 und das Rotgußstück K_1 geschoben. Mit der anderen Hand hält man den Fräser F, der beiderseits mit Zähnen versehen ist, zwischen die Warzen und schiebt auch durch ihn den Dorn D. F wird gegen Drehung durch Nut und Feder gesichert. Damit auch die seitliche Verschiebung von F nach rechts verhindert wird — nach links besorgt das ein Ansatz an D —, schiebt man von rechts her eine Büchse H über D, die sich gegen F legt und durch Muttern M festgehalten wird. Auch hier hatte man vor dem Aufbringen von H eine Scheibe Sch_2 aufgeschoben. D kommt zwischen die Spitzen und kreist. Die Stärke der abzufräsenden

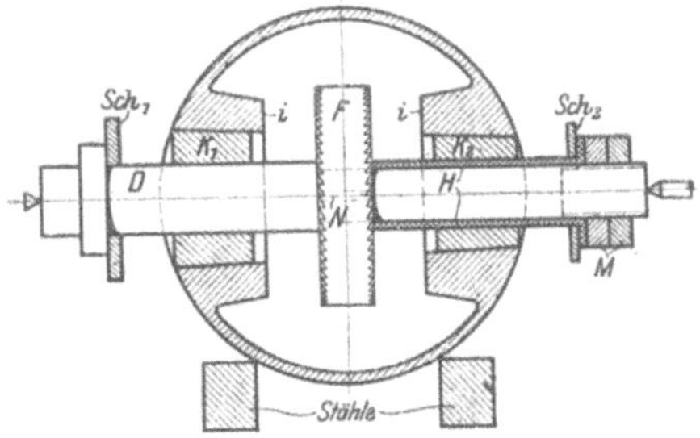

Fig. 231. Abfräsen der Augen für die Kolbenbolzen.

Schicht wird durch die passend gewählten Scheiben Sch_1, Sch_2 bestimmt, die die Längsbewegung des Supports, auf dem der Kolben ruht, begrenzen. Auf unbedingt genaue Arbeit, d. h. daß die bearbeiteten Flächen von der Mittellinie gleich weit entfernt sind, kommt es nicht an, da der Kopf der Pleuelstange sich mit Spiel zwischen den Warzen bewegt. Auf einer Senkrechtbohrmaschine wird *k* (Fig. 227) gebohrt und mit Gewinde versehen. Der Kolbenbolzen wird eingebracht und durch eine Schraube in *k* befestigt. Mit dem eingebrachten Bolzen erfolgt nun die Bearbeitung des Kolbens auf genauen Durchmesser (*l*, Fig. 227) auf einer Leitspindeldrehbank. Als Aufspannvorrichtung (Fig. 232) dient ein Ring *R*, der genau auf der Planscheibe zentriert ist. Dieser Ring ist im Innern auf das Maß c_1 (Fig. 227) bearbeitet und an dem Ende geschlitzt und konisch abgedreht. Ein innen konisch ausgedrehter

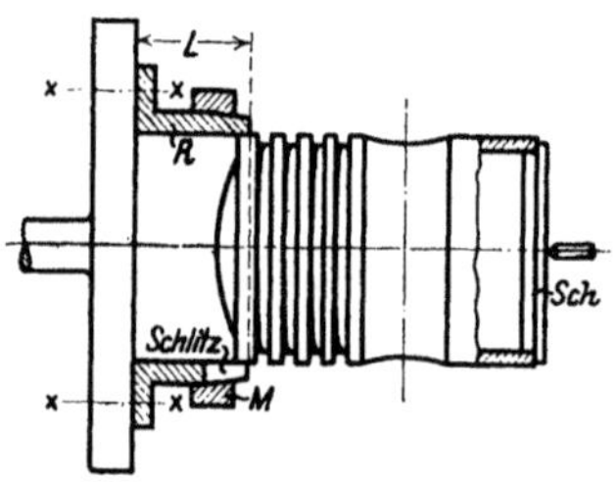

Fig. 232. Genaues Bearbeiten des Umfanges.

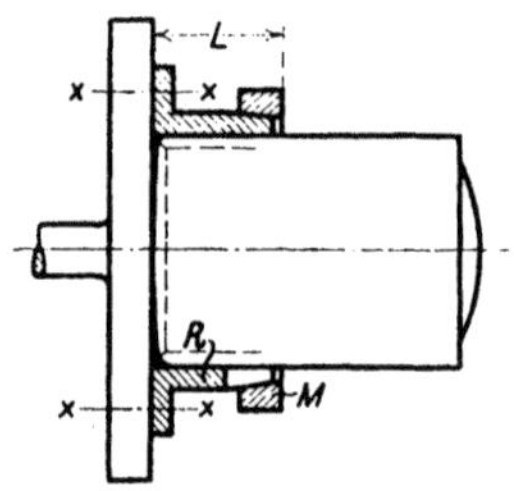

Fig. 233. Bearbeiten des Bodens.

Ring *M* preßt den Kolben in *R* fest. Zum Gegenhalten verwendet man die Scheibe *Sch*, gegen die die Reitstockkörnerspitze drückt. Zur Kontrolle verwendet man die Toleranzrachenlehre. Auch werden hier die Nuten für die Kolbenringe genau bearbeitet. Die Arbeit wird durch eine Schablone kontrolliert.

Auf derselben Leitspindeldrehbank fast man das vordere Kolbenende ab (*n*, Fig. 227) und bearbeitet den Boden fertig (*m*, Fig. 227). Zum Aufspannen verwendet man das gleiche Futter wie oben (Fig. 233).

Die Bearbeitung des Bodens geschieht durch einen Formstahl. Kontrolle durch eine Lehre.

b) Dampfmaschinenkolben.

(Keine Massenfabrikation.)

Bei dem in Fig. 234 dargestellten gußeisernen Kolben werden zuerst auf einer Senkrechtbohrmaschine die Löcher *a* ausgebohrt, mit Gewinde versehen und durch Stopfen geschlossen.

Die ganze folgende Bearbeitung spielt sich auf einem Senkrechtbohr- und -Drehwerk mit 2 Supporten ab.

Der Kolben wird zuerst mit der hohlen Fläche auf den Tisch zentrisch zwischen Backen aufgespannt. Während die Fläche *b* mittels Konuslineals hergestellt wird, wird der Umfang *d* geschruppt und geschlichtet. Auch die Bohrung *c* wird nach Durchmesser und Tiefe hergestellt ebenso *f*. Die Kontrolle des äußeren Durchmessers geschieht durch Mikrometerschraubenlehre, die der Bohrungen durch Toleranzkaliberdorn.

Dann spannt man den Kolben um, d. h. die bearbeitete Fläche *b*, die auf den Tisch zu liegen kommt, bildet die Grundlage der weiteren Bearbeitung, wobei ein Zapfen auf der Planscheibe zentriert.

Es wird das Stück von *d*, das wegen der Spannbacken vorhin nicht bearbeitet werden konnte, fertiggestellt, die Fläche *e* wird unter Benutzung

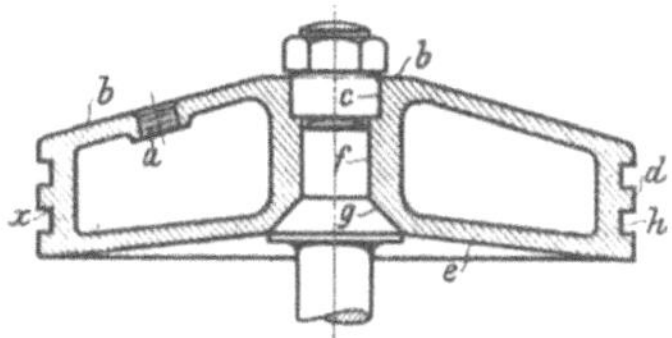

Fig. 234. Dampfkolben.

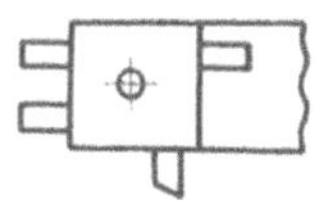

Fig. 235. Formstahl für die Nuten.

des Konuslineals bearbeitet, desgleichen der Konus *g*. Kontrolle durch Lehren und Normalkonus.

Während der Bearbeitung von *e* sind die Nuten *h* vorgeschruppt, deren Durchmesser mit der Mikrometerschraubenlehre kontrolliert wird. Die Fertigstellung der Nuten erfolgt durch Ausschleifen, wobei der Kolben auf einen Dorn gespannt wird. Kontrolle der Nutenbreite durch Parallelendmaße.

Mit einer tragbaren Bohrmaschine werden sodann die Löcher zur Aufnahme der Stifte gebohrt, die das Drehen der Kolbenringe verhindern sollen.

9. Exzenter.

(Keine Massenfabrikation.)

Das in Fig. 236 u. 237 dargestellte gußeiserne Exzenter besteht aus dem zweiteiligen Bügel *A*, *B* und dem einteiligen Körper *C*. Es werde zunächst die Bearbeitung des Bügels beschrieben, die mit Herstellung der Flächen *a a* beginnt, die auf einer Senkrechtfräsmaschine erfolgt. Als Werkzeug gebraucht man einen Stirnfräser. Die Bügelteile sind in einen Parallelschraubstock gespannt.

Nach den Flächen *a* bearbeitet man die Auflagerflächen für die Köpfe und Muttern der Verbindungsschrauben der beiden Bügelteile, was ebenfalls auf einer Senkrechtfräsmaschine mittels Stirnfräser erfolgt. Meßinstrument Taster. Daran schließt sich auf derselben Maschine in derselben Aufspannung die Bearbeitung der Fläche *c* am Bügelteil *B* (Fig. 237), gegen die die Exzenterstange geschraubt werden soll. Mittels eines Spiralbohrers werden auf einer Senkrechtbohrmaschine die Löcher *x* in *B* gebohrt und mit Gewinde versehen.

Nun spannt man beide Teile *A* und *B* zusammen, nachdem die Löcher für die Verbindungsschrauben angerissen sind, in einen Parallelschraubstock und bohrt mit einem Spiralbohrer auf der Senkrechtbohrmaschine die Löcher *d*. Die Schrauben *s* werden durchgezogen. Es folgt nun die Bearbeitung des Bügels an den Seitenflächen und innen (*e*, *f*, *g*) auf einer Revolverbank, gegen deren Planscheibe man den Bügel mittels 4 Knaggen gespannt hat. Die zur Verwendung gelangenden Stähle sind Schrupp- und Schlichtstähle sowie für *f* ein Formstahl. Die Kontrolle der Bohrung erfolgt durch ein Zylindermaß mit Mikrometerschraube und Parallelendmaße.

Fig. 236. Fig. 237.

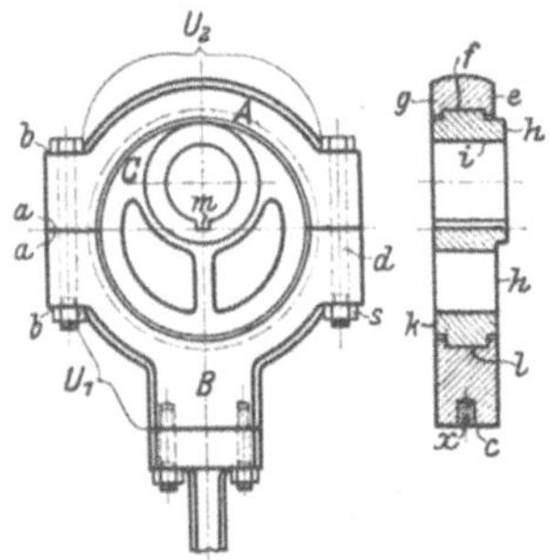

Fig. 236 und 237. Exzenter.

Die Bearbeitung des Körpers beginnt mit Herstellung der Fläche *h*. Auch der Körper ist durch 4 Knaggen gegen die Planscheibe einer Revolverbank gespannt, wobei die Mitte der Bohrung mit der Mitte der Planscheibe zusammenfallen muß. An die Bearbeitung des vorgegossenen Loches *i* schließt sich die Bearbeitung von *k*, die auf gleiche Weise wie die von *h* erfolgt. Zur Herstellung von *l* muß der Körper auf andere Weise aufgespannt werden. Das geschieht, wie aus Fig. 238 hervorgeht, folgendermaßen: Die Planscheibe *Pl* ist mit einem *T*-förmigen radial verlaufenden Schlitz versehen, in dem sich ein Stein *St* verschieben läßt. *St* kann nach einem auf *Pl* angebrachten Maßstab auf die nötige Exzentrizität eingestellt werden. In *St* ist eingeschraubt ein Bolzen, über den sich Hülsen *C* von verschiedenen äußeren Durchmessern schieben lassen, so daß die Aufspannvorrichtung für Exzenter von verschiedenen Wellendurchmessern benutzt werden kann; eine durch eine Mutter gegen den Körper gepreßte Scheibe hält den Körper fest.

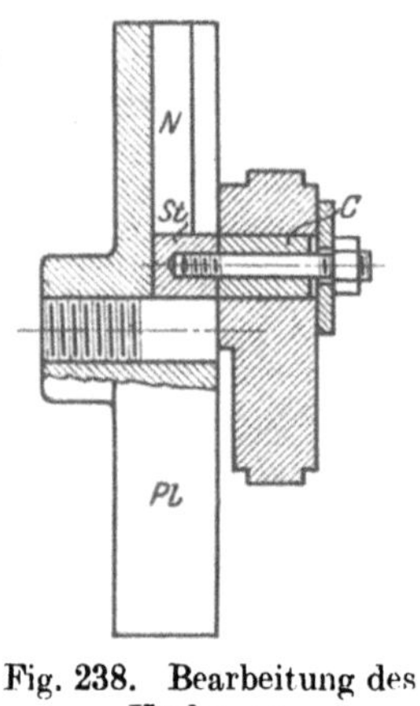

Fig. 238. Bearbeitung des Umfanges.

Zur Kontrolle von *i* dient ein Toleranzkaliberdorn, *l* wird durch Grenzrachenlehren gemessen, für die Dickenmessungen dient eine Schublehre.

Den Schluß der Bearbeitung bildet das Einstoßen der Nut *m* auf einer Senkrechtstoßmaschine. Als Kontrollinstrument dienen Parallelendmaße.

Sollen die Außenflächen U_1 und U_2 des Bügels auch bearbeitet werden, so kann das wie folgt geschehen:

U_1: Gegen die Planscheibe einer Kurvendrehbank hat man eine

Platte gespannt, die 2 wagerechte Bolzen trägt, auf die man B mit den Löchern d steckt, so daß B genau zentriert ist, die Fläche c hatte man mit einem Körner versehen.

U_2: Man spannt A und B zusammen, schiebt den Bügel über einen Dorn vom Durchmesser der inneren Bügelbohrung und bearbeitet U_2 auf einer Senkrechtfräsmaschine mittels eines Formfräsers durch Drehen des Bügels, falls U_2 konzentrisch zur Bohrung verläuft. Ist das nicht der Fall, so spannt man den Bügel fest und benutzt eine Schablonenfräsmaschine.

10. Doppelschlußventilkegel für Automobilmotor.

(Massenfabrikation.)

Der Zweck eines Doppelschlußventilkegels ist, einen sehr raschen Schluß des Ventils herbeizuführen, ohne daß dabei starke Stöße an der kegelförmigen Dichtungsfläche auftreten. Das ist so erreicht, daß der Kegel, wenn er (Fig. 239) noch um ein Stück von der Sitzfläche entfernt ist, mit dem zylindrischen Schlußring von der Höhe h schon abgeschlossen hat. Der Steuernocken ist so eingerichtet, daß die Schlußbewegung, die bis zu dem skizzierten Augenblick sehr rasch erfolgte, nun verlangsamt wird, so daß sich der Kegel ganz langsam auf die Sitzfläche aufsetzt.

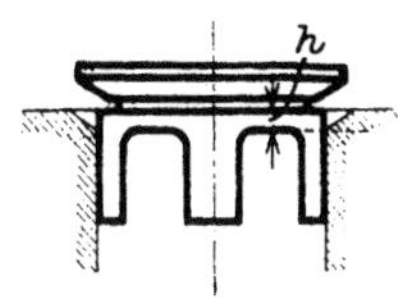

Fig. 239. Doppelschlußventilkegel.

Die Herstellung des Kegels mit Steuerstift (als Beispiel dient ein Kegel der Adlerwerke vorm. Heinrich Kleyer & Co., Frankfurt a. M.) vollzieht sich folgendermaßen:

Auf einer Abstechmaschine wird von der Stange ein Bolzen (Fig. 240) nach Anschlag abgestochen. Dieser Bolzen wird unter einem Reibungshammer im Gesenk geschmiedet (Fig. 241 u. 242). Nach Entfernung des Grates wird ein Stück Rundeisen von 12 mm ∅ angeschweißt (Fig. 242—244). Nach Festlegen der Körner erfolgt auf einer Leitspindeldrehbank mit vierfachem Stahlhalter das Schruppen des Steuerstiftes a (Fig. 245 u. 246) mit gewöhnlichem Schruppstahl, die zylindrische Höhlung b wird mittels Formstahles hergestellt, desgleichen c, während für d ein Seitenstahl verwendet wird.

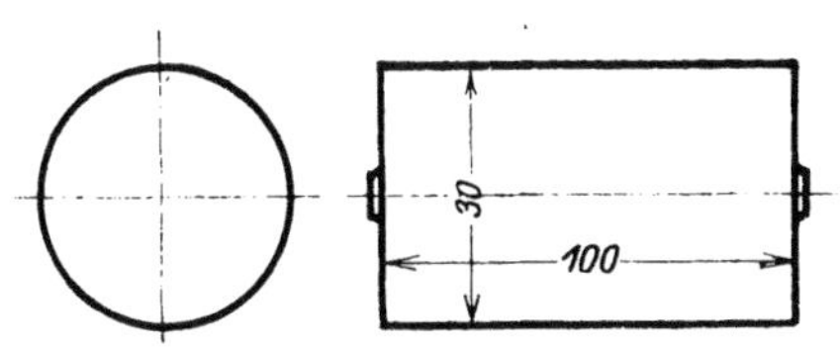

Fig. 240. I. Von Stange nach Anschlag abgestochenes Rohstück.

Zur Erzeugung der Führungsrippen benutzt man eine Senkrechtfräsmaschine, es ergibt sich das Arbeitsbild Fig. 247. Bei der Arbeit ist der Steuerstift in wagerechter Lage zwischen 2 Backen eines Schraubstockes geklemmt (Fig. 248), der auf dem Tisch der Maschine befestigt ist; auf dem Tisch ist ferner befestigt eine Schablone *Sch*, die an einem Stifte *S* entlang geführt wird. Dadurch arbeitet der Fingerfräser *F*, der unwandelbaren Abstand vom Stifte *S* hat, die Führungsrippen heraus (Fig. 249 u. 250). Auf einer Leitspindeldrehbank wird sodann der Steuerstift auf Schleifmaß vorgearbeitet (Fig. 251) und der Ventilkegel herausgedreht mit einem Zuschlag für Fertigbearbeitung. Um Gratbildung beim nachherigen Schleifen des Steuerstiftes zu verhüten, hat man den unmittelbar unter dem Kegel sitzenden Teil des Stiftes um

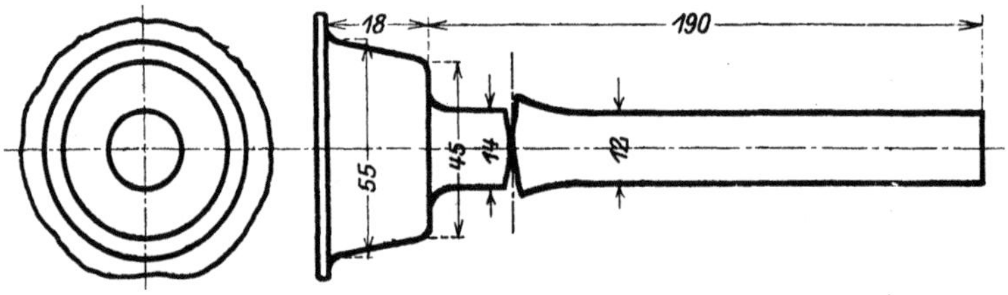

Fig. 241 und 242. II. Kegel im Gesenk geschmiedet. — Anzuschweißendes Rundeisen.

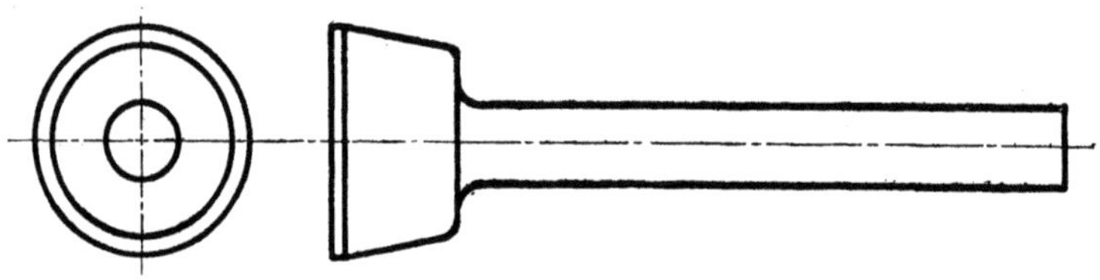

Fig. 243 und 244. III. Grat auf Stanze entfernt und Rundeisen angeschweißt.

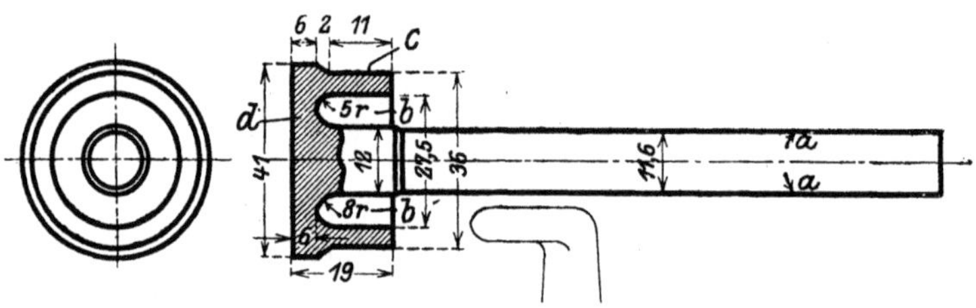

Fig. 245 und 246. IV. Schruppen *a* mit Schruppstahl, *b* mit Formstahl, *c* mit Formstahl, *d* mit Seitenstahl.

0,2 mm kleiner im Durchmesser ausgeführt als das fertige Maß des Steuerstiftes (9 mm). Zur Kontrolle bedient man sich der Toleranzrachenlehren, Anschläge am Drehbankbett verbürgen die genauen Längen.

Um den fertigen Ventilkegel einschleifen zu können, bringt man in ihm einen Schlitz an, wie das Fig. 252 u. 253 darstellen. Als Werkzeug gebraucht man ein Kreissägeblatt, als Maschine eine Wagerechtfräsmaschine. Auf einer Langlochfräsmaschine arbeitet man das Keilloch in den Steuerstift. Der Steuerstift ist eingespannt wie in Fig. 248. Kontrolle durch Parallelendmaße.

Um den Ventilkegel fertig zu schlichten, spannt man den Steuerstift in ein selbstzentrierendes Futter einer Leitspindeldrehbank (Fig. 254 u. 255).

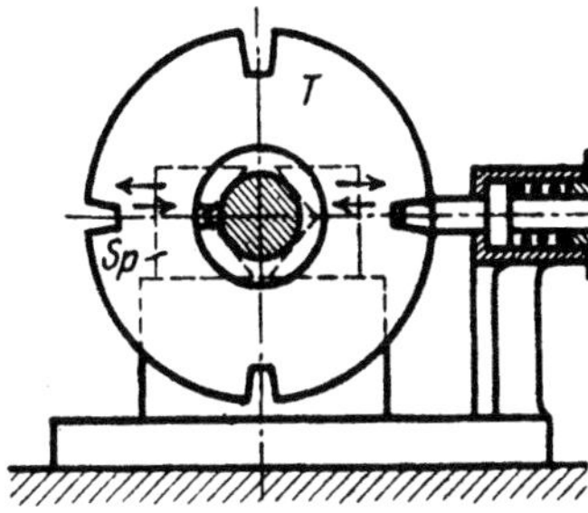

Fig. 248.

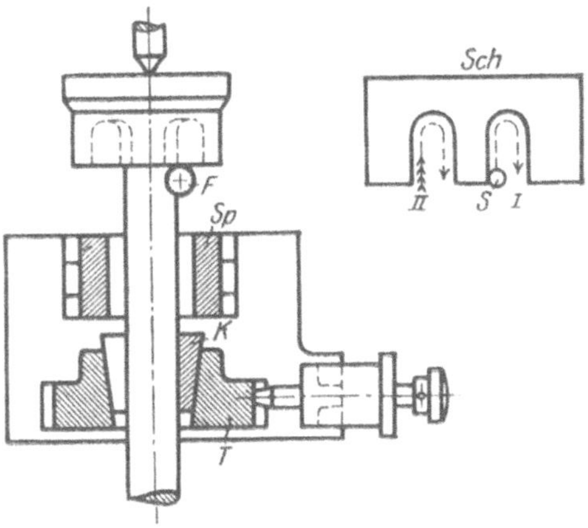

Fig. 247.

Fig. 247 und 248.
V. Ausfräsen der Führungsrippen mit Fingerfräser nach Schablone. Steuerstift wagerecht eingespannt.

Teilscheibe *T* nach Ausfräsen einer Rippe um 90° gedreht. *T* auf Steuerstift mittels geschlitzten Konus *K* festgeklemmt. *I* und *II* Wege des Führungsstiftes *S* in der Schablone.

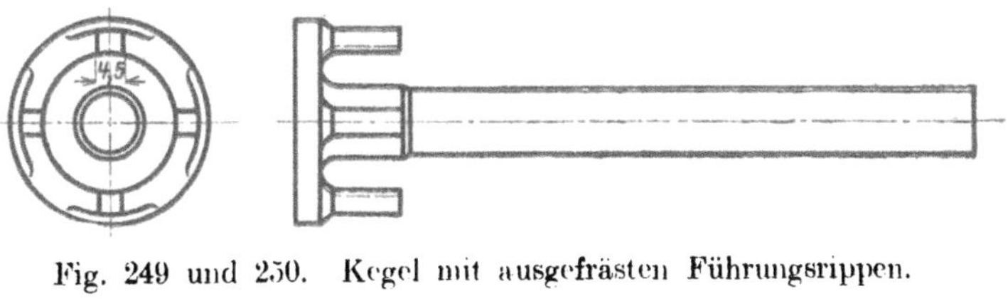

Fig. 249 und 250. Kegel mit ausgefrästen Führungsrippen.

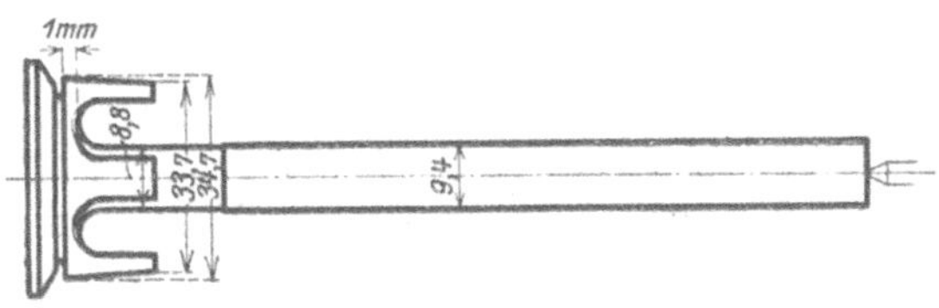

Fig. 251. VI. Ausdrehen des Kegels und Vorarbeiten des Stiftes auf Schleifmaß.

Der Steuerstift wird dann auf einer Schleifmaschine auf genaues Maß geschliffen (Fig. 256), zur Kontrolle dient die Toleranzrachenlehre. Der Ventilkegel paßt in eine an der Planscheibe befestigte Büchse, auf deren Boden eine sich der Form des Schlitzes im Ventilkegel anpassende Erhöhung befindet, die das Mitnehmen besorgt.

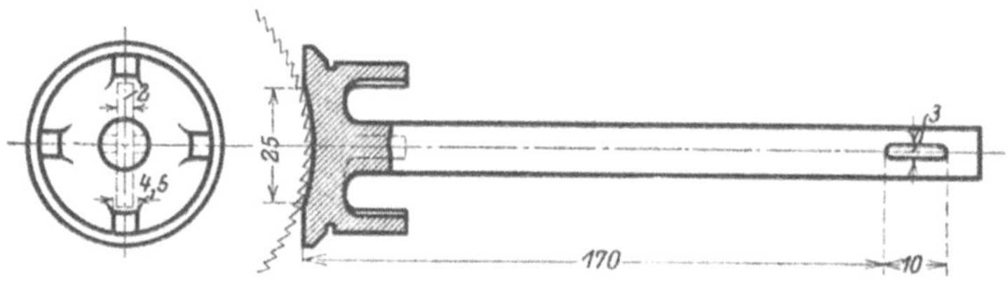

Fig. 252 und 253. VII. Einfräsen des Schlitzes und des Keilloches.

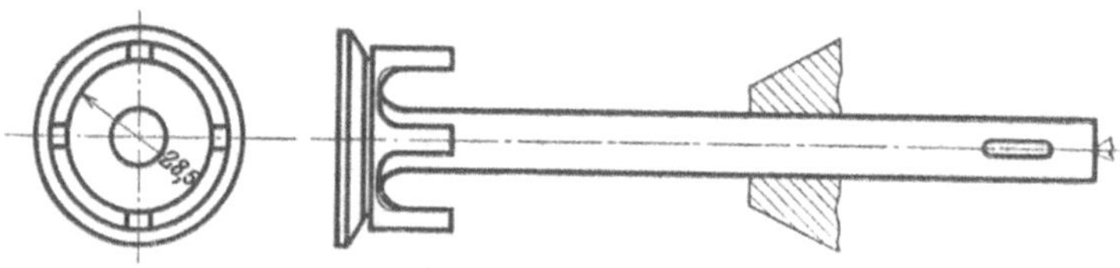

Fig. 254 und 255. VIII. Schlichten des Kegels.

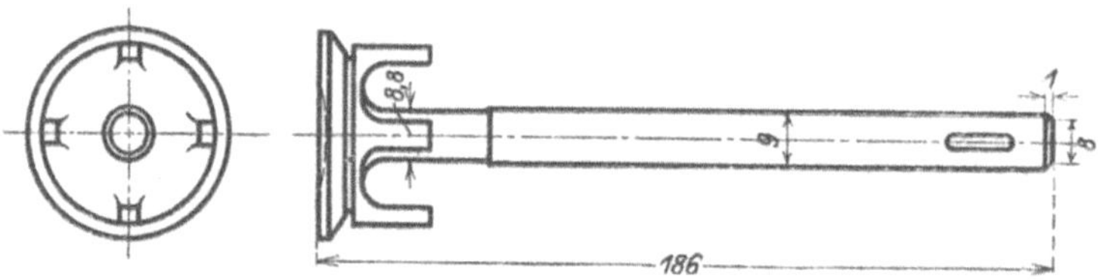

Fig. 256. IX. Fertigschleifen des Stiftes und Abstechen.

Fig. 240—256. Arbeitsgänge bei der Herstellung des Doppelschlußventilkegels.

Auf einer Drehbank, deren Planscheibe eine ähnliche Vorrichtung wie die der Schleifmaschine trägt, wird dann der Steuerstift auf genaue Länge nach Anschlag abgestochen. Kontrolle durch Schublehre.

11. Lokomotivachsbuchse.

(Hannoversche Maschinenfabrik A.-G. vorm. G. Egestorff, Hannover-Linden.)

Die Achsbuchse besteht aus folgenden 4 Hauptteilen:

I. der eigentlichen Achsbuchse, die durch Pressen aus Flußeisen hergestellt ist (Fig. 257—260),

II. der Lagerschale aus Rotguß mit Weißmetall ausgegossen (Fig. 261—263),

III. den Gleitschuhen aus Rotguß (Fig. 264 u. 265),

IV. dem Unterkasten aus Gußeisen (Fig. 266—268), der als Ölbehälter dient und durch in ihn gelegte Filzringe den Zapfen gegen Staub schützt.

I. Achsbuchse.

Die rohen vorgezeichneten Achsbuchsen werden (Fig. 269 u. 270) zu mehreren zwischen 2 eiserne Balken gespannt und durch Schrauben festgehalten. Auf einer Wagerechtfräsmaschine, die mit 2 Messerköpfen

Fig. 257.

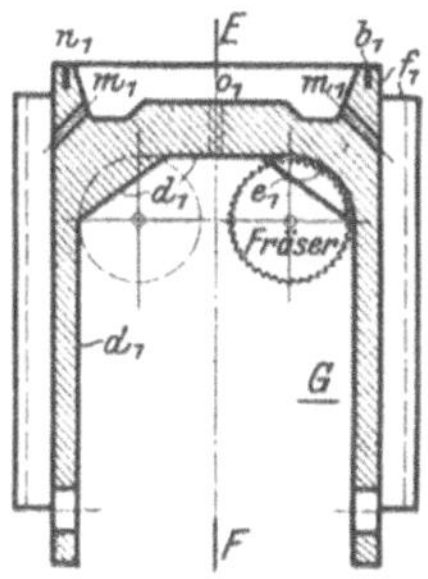

Fig. 258.

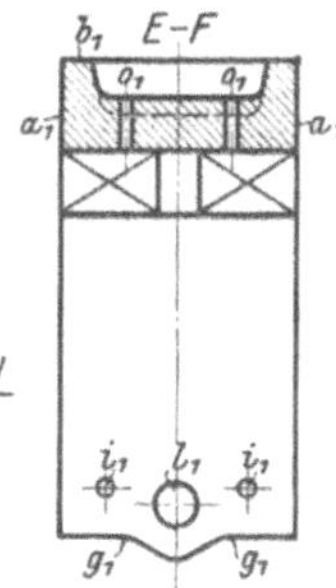

Fig. 259.

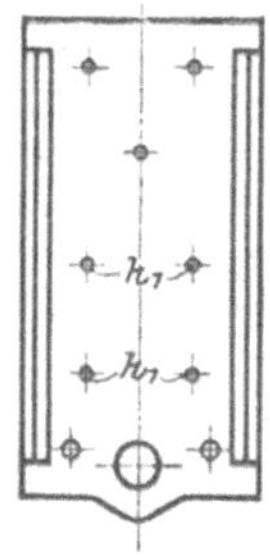

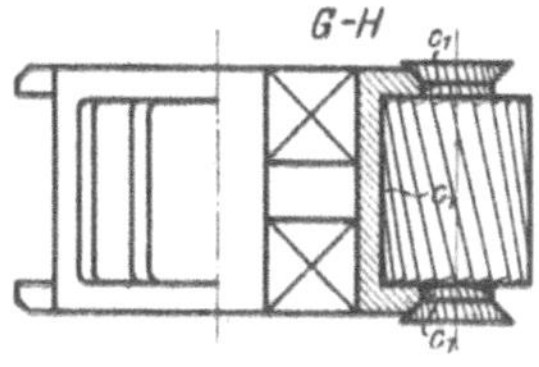

Fig. 260.

Fig. 257—260. Lokomotivachsbuchse.

Fig. 261.

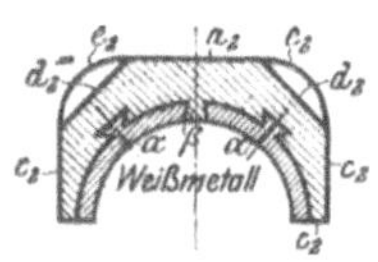

Fig. 262.

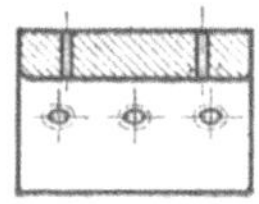

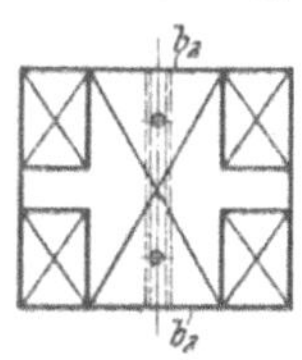

Fig. 263.

Fig. 261—263. Lagerschale zur Lokomotivachsbuchse.

Fig. 264.

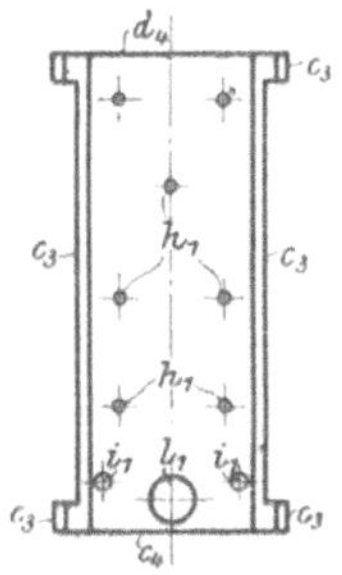

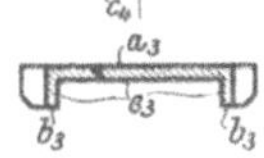

Fig. 265.

Fig. 264 und 265. Gleitschuh zur Lokomotivachsbuchse.

arbeitet, werden in einem Durchgang die beiden Flächen a_1 a_1 bearbeitet. Die Kontrolle geschieht durch Stichmaß.

Dann legt man die Achsbuchsen mit den Flächen a_1 a_1 gegeneinander, spannt sie auf ähnliche Weise wie oben fest und bearbeitet mit einem Messerkopf auf einer Wagerechtfräsmaschine die Flächen b_1.

Mit den Flächen a_1 werden sodann die Buchsen gegen einen Winkel gespannt, nach den Flächen b_1 ausgerichtet, und es werden, wie Fig. 260 angibt, mit einem Formfräser die Flächen c_1 hergestellt. Um Verbiegungen der Führungen zu vermeiden, hat man zwischen die freien Enden der Achsbuchsen Stützen gebracht.

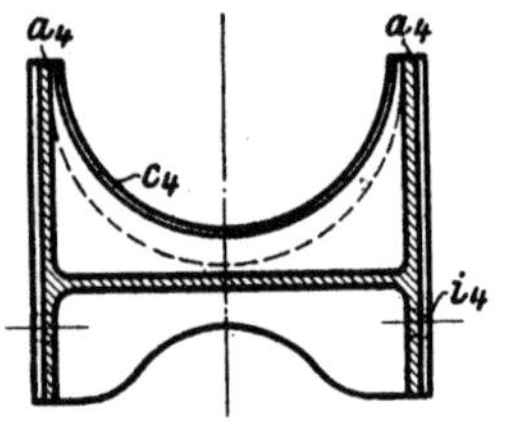

Fig. 266.

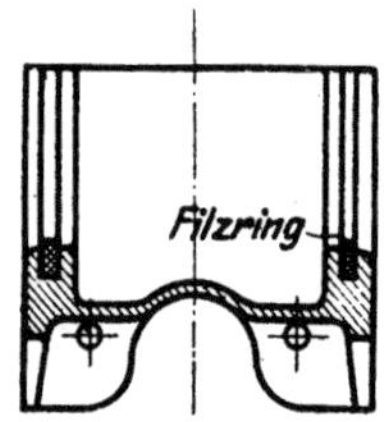

Fig. 267.

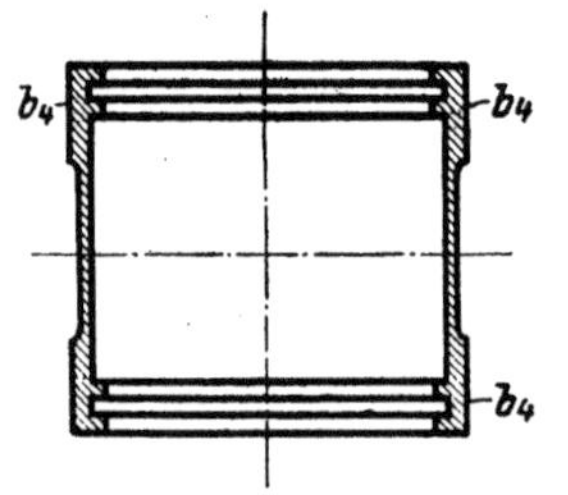

Fig. 268.

Fig. 266—268.
Unterkasten zur Lokomotivachsbuchse.

Man stellt nun mehrere Buchsen auf die Flächen b_1, so daß sie sich mit den Flächen $a_1 a_1$ berühren, und spannt sie gegen einen Winkel, der Vorsprünge trägt, die in die Nuten von c_1 hineinragen, so daß ein Verschieben der Buchsen bei der nun folgenden Bearbeitung der Flächen d_1 vermieden wird. Die Bearbeitung erfolgt auf einer Senkrechtfräs-

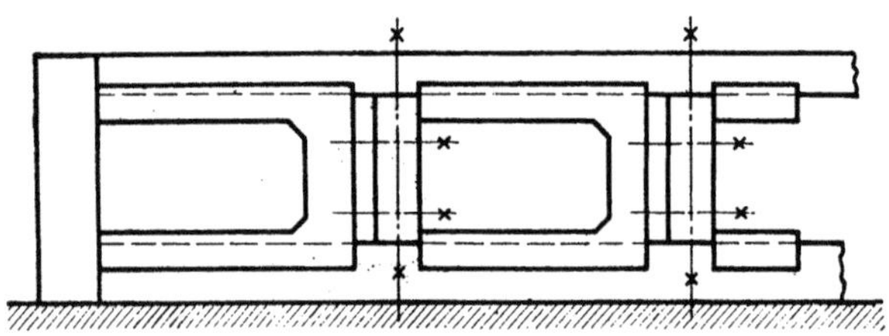
Fig. 269.

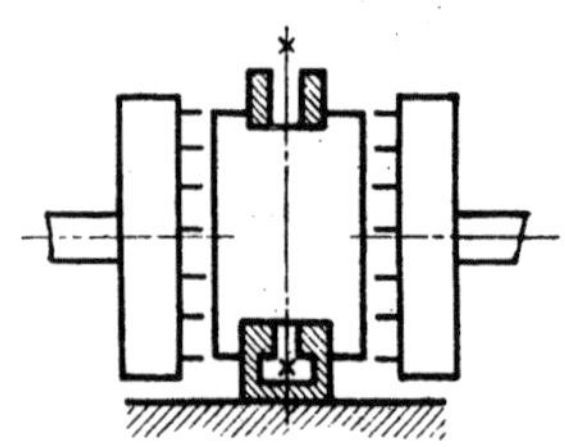
Fig. 270.

Fig. 269 und 270. Bearbeitung der Stirnflächen der Achsbuchsen.

maschine unter Benutzung des in Fig. 271 dargestellten Formfräsers. Zur Kontrolle dienen Schublehre und Stichmaß. Von nun ab vollzieht sich die weitere Bearbeitung jeder Buchse für sich.

Es werden zunächst die Aussparungen e_1 hergestellt, in die sich Vorsprünge legen sollen, die sich an den Lagerschalen befinden, damit seitliches Verschieben der Lagerschalen verhindert wird.

Die Herstellung dieser Aussparungen geschieht auf einer Wagerechtfräsmaschine mittels eines Scheibenfräsers, der so breit ist wie die Nut (vgl. Fig. 257 u. 272). Die Buchse ist mit einer Fläche c_1 auf den Fräsmaschinentisch mittels Spanneisen aufgespannt. Ein Anschlag auf dem Tisch gewährleistet die genaue Lage der Buchse gegenüber dem Fräser. Kontrolle durch Parallelendmaße und Lehre.

Auf einer Stoßmaschine werden sodann die Stücke $f_1 f_1$ entfernt, damit die Gleitschuhe dort mit Nasen übergreifen können und so gegen Verschieben nach oben oder unten gesichert werden. Kontrolle durch Schublehre. Auf der Stoßmaschine arbeitet man sodann die Flächen g_1 aus, die freitragenden Schenkel abstützend. Nun werden die Gleitschuhe, die bis auf die eigentlichen Gleitflächen fertig sind, aufgepaßt, man bohrt auf einer Senkrechtbohrmaschine die Löcher h_1 (Fig. 259), die zur Aufnahme der Befestigungsschrauben dienen, nimmt die Schuhe wieder ab, schneidet in die Löcher der Buchse Gewinde, bohrt die Löcher in den Schuhen auf und versenkt sie und befestigt dann die Schuhe auf der Buchse.

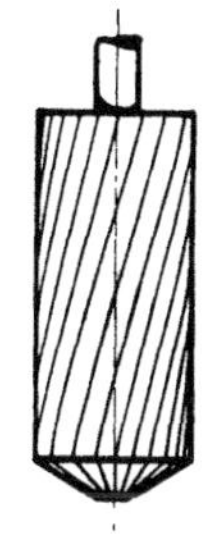

Fig. 271. Fräser für Bearbeitung des Achsbuchseninneren.

Darauf bohrt man auf einer Senkrechtbohrmaschine die Löcher i_1 und l_1, die zur Aufnahme der Stifte zum Halten des Unterkastens und zur Aufnahme des Federbolzens dienen, wobei die freien Enden gegen Federn zu stützen sind. Werkzeug: Spiralbohrer.

Die Löcher m_1, die das Öl aus dem oberen Teil der Achsbuchse, der als Ölbehälter ausgebildet ist, den Gleitflächen zuführen, und die Löcher n_1, die zur Befestigung der Deckel für den Ölbehälter dienen, werden ebenfalls auf der Senkrechtbohrmaschine mit Spiralbohrer hergestellt.

Die Schmierlöcher o_1 werden erst nach Einbringen der Lagerschale gebohrt.

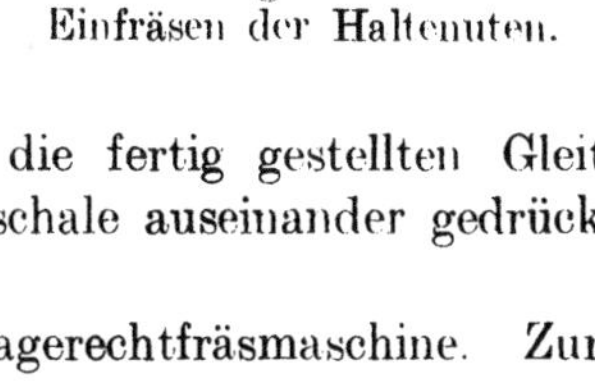

Fig. 272. Einfräsen der Haltenuten.

Die bis auf Ausgießen und Ausdrehen fertige Lagerschale wird nun mit leichten Hammerschlägen in die Buchse getrieben, ebenso wird der bis auf Ausdrehen fertige Unterkasten eingelegt und dann erst werden die Schuhe mittels eines Formfräsers fertig bearbeitet, der dem in Fig. 260 dargestellten ähnlich ist. Diese Arbeitsfolge ist nötig, damit die fertig gestellten Gleitflächen nicht durch Eintreiben der Lagerschale auseinander gedrückt werden.

Die Bearbeitung erfolgt auf einer Wagerechtfräsmaschine. Zum Messen gebraucht man Stichmaße und Schublehre, es wird jede Buchse für sich bearbeitet.

II. Lagerschale.

Die Bearbeitung der Lagerschale (Fig. 261—263) beginnt mit Herstellung der ebenen Flächen a_2 mittels Walzenfräsers auf einer Wagerechtfräsmaschine, wobei mehrere Schalen hintereinander gespannt werden.

Die Stirnflächen b_2 werden auf einer Wagerechtfräsmaschine mit zwei Messerköpfen zu gleicher Zeit bearbeitet, indem sie mit den Flächen a auf den Tisch gelegt und durch darüber gelegte Spanneisen befestigt werden. Zur Kontrolle dient ein Stichmaß.

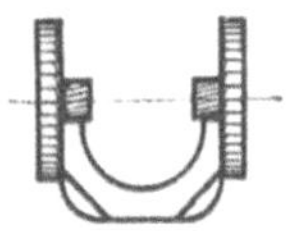

Fig. 273. Bearbeitung der Seiten- und Stoßflächen der Lagerschale.

Dann spannt man die Schalen mit den Flächen a_2 auf den Tisch fest, ähnlich wie früher bei der Schalenkupplung gezeigt wurde, und bearbeitet nun die wagerechten und senkrechten Flächen c_2 mit einem zusammengesetzten Fräser nach Fig. 273. Zum Messen der Breite gebraucht man Stichmaße, der Fräser wird mit Parallelendmaßen auf Höhe eingestellt.

Zur Erzeugung der ebenen Flächen d_2 spannt man eine Schale auf einen Winkel wie das Fig. 274 zeigt. Man benutzt den in Fig. 275 dargestellten doppelten Walzenstirnfräser. Der Winkel ist auf dem Tisch unverrückbar befestigt, er trägt auf einem Schenkel einen Anschlag, gegen den sich die Schale mit einer Fläche legt, so daß die gegenseitige Lage von Schale und Werkzeug ein für allemal festliegt. Kontrolle durch Grenzrachenlehre.

Denselben Winkel benutzt man, nachdem man ihn um 90° gedreht hat, zum Aufspannen der Lagerschale für die Erzeugung der runden

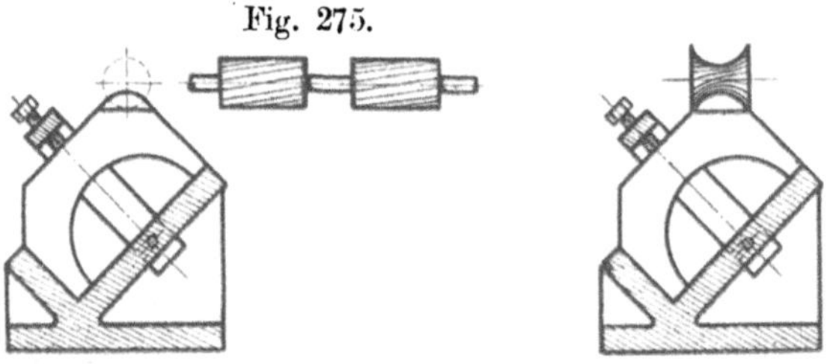

Fig. 275. Fig. 274. Fig. 276.

Fig. 274—276. Herstellung der Haltefedern an der Lagerschale.

Flächen e_2, die in die eingangs erwähnten Aussparungen der Achsbuchse passen sollen. Als Werkzeug benutzt man den in Fig. 276 dargestellten Formfräser. Kontrolle durch Lehre.

Nachdem die Schale soweit bearbeitet ist, kommt sie wie oben erwähnt, in die Buchse, aus der sie nach Bearbeitung der Gleitflächen der Schuhe wieder herausgeschlagen wird, um in der Metallgießerei mit Weißmetall ausgegossen zu werden. Die Stellen der Lagerschale, auf die das Weißmetall kommt, werden nicht bearbeitet, auch die sechs konischen Haftlöcher $a\,a$ sind eingegossen und erfahren keine Bearbeitung. Damit aber das Weißmetall gut haftet, hat man die Lagerschale vor Beginn der Bearbeitung gebeizt. Die Rotgußrippe β hat den Zweck, beim Ausschmelzen der Schale infolge ungenügender Schmierung noch eine leidliche Stützung der Buchse auf dem Zapfen zu ermöglichen.

Fig. 277.

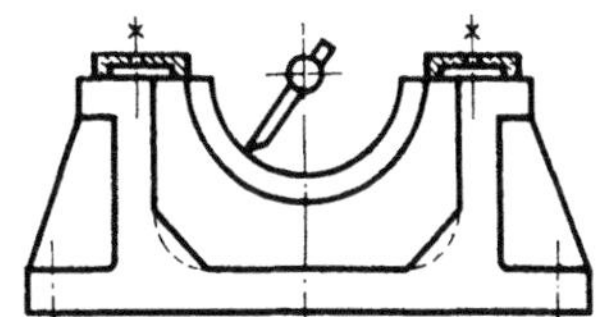

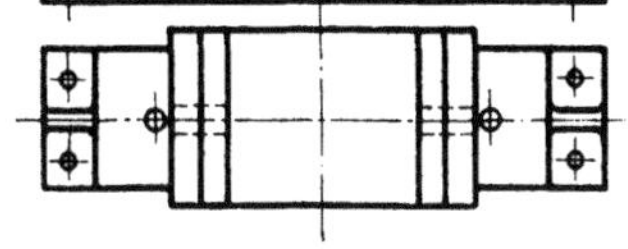

Fig. 278.

Fig. 277 und 278. Fertigbearbeitung der Bohrung.

Das Ausgießen der Schale erfolgt nun ähnlich, wie früher gezeigt, durch Guß von oben. Durch Pumpen mit erwärmten Eisenstäben und Nachgießen wird auch hier dichter Guß erzielt. Mit einem Walzenfräser bearbeitet man auf einer Wagerechtfräsmaschine zunächst die wagerechten Flächen c_2 des Weißmetalls.

Die Fertigbearbeitung der Bohrung der Lagerschale erfolgt auf einer Wagerechtbohrmaschine mit Bohrstange bzw. Schwärmer, wobei die Schale zweckmäßig in ein Führungsstück gespannt wird, das der fertigen Achsbuchse ähnelt (Fig. 277 u. 278), in dem sie durch 2 mittels Schrauben angedrückte Spanneisen gehalten wird. Kontrolle durch Lehre.

III. Gleitschuhe.

Die Gleitschuhe (Fig. 264 u. 265) werden allseitig bearbeitet. Die Flächen a_3 und b_3 werden auf einer Wagerechtfräsmaschine hergestellt, a_3 fertig, während b_3, wie wir schon gesehen, die endgültige Bearbeitung nach dem Einpassen in die Buchse bekommt.

Die Flächen c_3, mit denen die Schuhe gegen die Leisten an den Buchsen kommen, werden ebenfalls auf einer Wagerechtfräsmaschine hergestellt

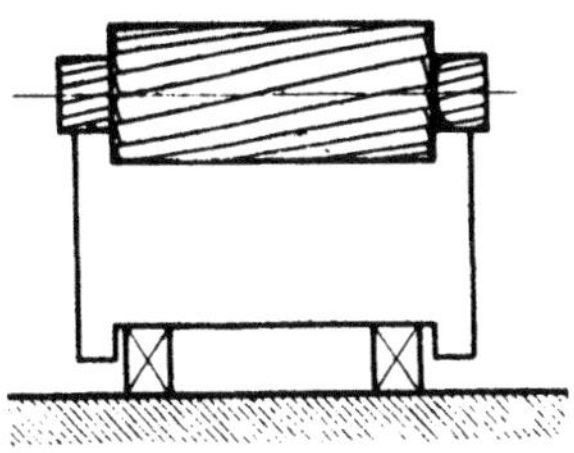

Fig. 279. Bearbeitung der Seitenflächen der Schuhe.

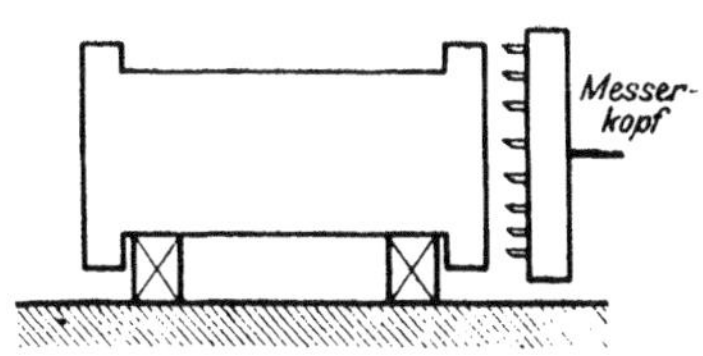

Fig. 280. Bearbeitung der Stirnflächen der Schuhe.

unter Benutzung eines zusammengesetzten Fräsers nach Fig. 279. Man spannt bis 30 Stücke Schuhe hintereinander. Die Kontrolle geschieht durch Stichmaße.

In gleicher Aufspannung vollzieht sich auf der Wagerechtfräsmaschine die Bearbeitung der Endflächen c_4, d_4 mittels Messerkopfes (Fig. 280). Kontrolle durch Schublehre

Nun kommen die Schuhe zum Einpassen in die Achsbuchsen zur Schlosserei; es werden, wie schon angegeben, die Löcher h_1, i_1, l_1 gebohrt und die Gleitflächen fertig bearbeitet.

IV. Unterkasten.

Der Unterkasten (Fig. 266—268) wird nur an drei Stellen bearbeitet. Man beginnt mit Herstellung der ebenen Flächen a_4, mit denen er gegen die Lagerschale stößt, auf einer Wagerechtfräsmaschine, wobei mehrere Kasten hintereinander gespannt sind.

Fig. 281.

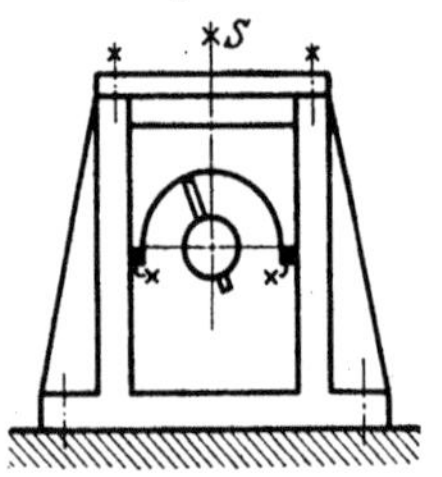

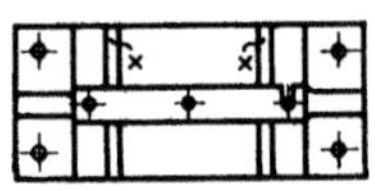

Fig. 282.

Fig. 281 und 282. Bearbeitung der Bohrung des Unterkastens.

Mit den Flächen a_4 spannt man dann mehrere Kästen hintereinander auf den Tisch einer doppelten Wagerechtfräsmaschine und bearbeitet mit zwei Messerköpfen die Flächen b_4, mit denen der Kasten in die Buchse paßt. Zur Kontrolle dient ein Stichmaß.

Um die Bohrung c_4 herzustellen, benutzt man eine Wagerechtbohrmaschine, zum Aufspannen eine Vorrichtung, die einer Achsbuchse ähnelt (Fig. 281 u. 282), in die man den Unterkasten verkehrt von oben einführt, so daß er mit den Flächen a_4 auf zwei Ansätzen $x\,x$ ruht. Das Festhalten besorgt eine Schraube S, die in dem aus- und einschwenkbaren Bügel sitzt. Kontrolle durch Lehre.

12. Federaufhängung bei einer Lokomotive.

(Hannoversche Maschinenbau-A.-G. vorm. Georg Egestorff, Hannover-Linden.)

Die Besprechung der Arbeiten, die zur Herstellung der zur Federaufhängung benötigten Teile vorzunehmen sind, schließt sich eng an die Beschreibung der Herstellung einer Lokomotiv-Achsbuchse an.

Die Hauptteile der Federaufhängung sind:

Federgehänge, Federbund und Führung für die Federstütze (Fig. 283).

Das Federgehänge ist durch einen durch seine lange Bohrung gesteckten Bolzen B an der Achsbuchse aufgehängt.

Der Federbund umschließt die Blattfeder und ist mit dem Gehänge drehbar durch den Bolzen C verbunden. Auf die Enden der Blattfeder stützen sich die Federstützen F, die in den Punkten D am Rahmen befestigt sind. Die Federstützen *F* haben quadratischen Querschnitt und sind am unteren Ende, mit dem sie auf der Feder ruhen, mit Gewinde versehen. Zur seitlichen Führung der Federstützen sind die Führungen angebracht, die ihrerseits an dem Lokomotivrahmen angeschraubt sind.

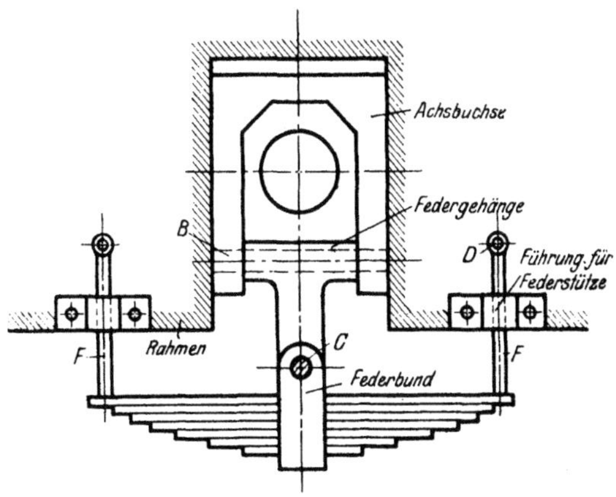

Fig. 283. Federaufhängung bei einer Lokomotive.

Die Herstellung von Federgehänge, Federbund und Führung für die Federstütze ist deshalb besonders interessant, weil diese Teile heute nicht mehr wie früher durch teuere Schmiedearbeit erzeugt werden, sondern aus dem vollen Material herausgearbeitet werden unter Berücksichtigung der Forderungen der Massenfabrikation.

a) Federgehänge. Das fertige Federgehänge ist in den Fig. 285—287

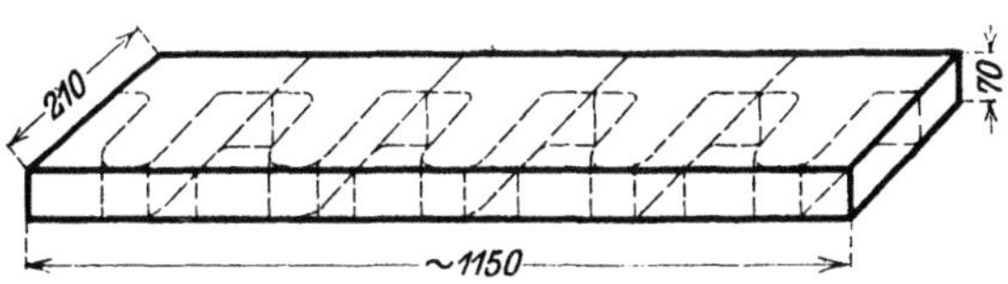

Fig. 284. Rohstück für das Federgehänge.

Fig. 285.

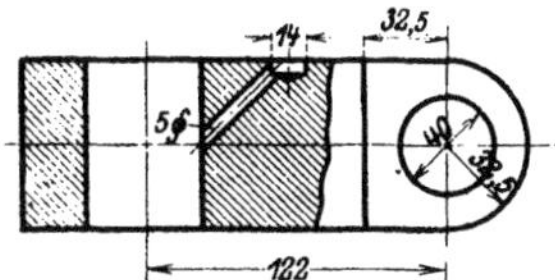

Fig. 286.

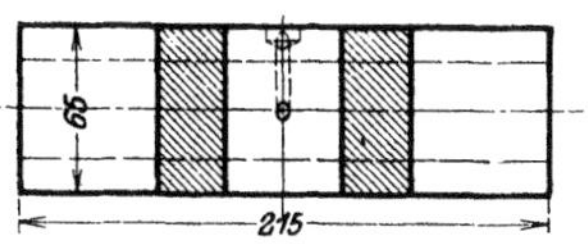

Fig. 285—287. Federgehänge.

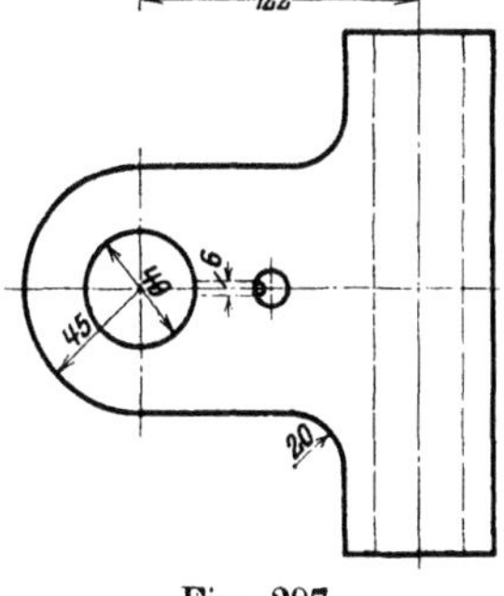

Fig. 287.

dargestellt, das Ausgangsmaterial, das vom Walzwerk bezogene Rohstück, in Fig. 284.

Die erste Arbeit (Fig. 288 u. 289) besteht in der Herstellung einer ebenen Fläche mit der daran anschließenden halben Rundung für das Loch des Achsbuchsbolzens; sie wird vorgenommen auf einer Wagerechtfräsmaschine, auf deren Tisch das Rohstück mittels der 4 festen Anschläge *A*, deren genaue Lage durch prismatische Ansätze an der Unterseite gewährleistet wird, und der in den Anschlägen *B* befindlichen Schrauben festgespannt wird. Der verwendete Fräser ist ein Walzenfräser in Verbindung mit einem Formfräser.

Die erzeugte ebene Fläche und die Rundung bilden die Grundlage für die nun folgende Herstellung der parallelen ebenen Fläche und der anderen Hälfte der Rundung. Zur Erzielung der genauen Lage ist auf den Tisch der Wagerechtfräsmaschine eine entsprechend ausgearbeitete Aufspannplatte *U* geschraubt, die die bearbeiteten Flächen des Rohstückes aufnimmt (Fig. 290 u. 291).

Fig. 290.

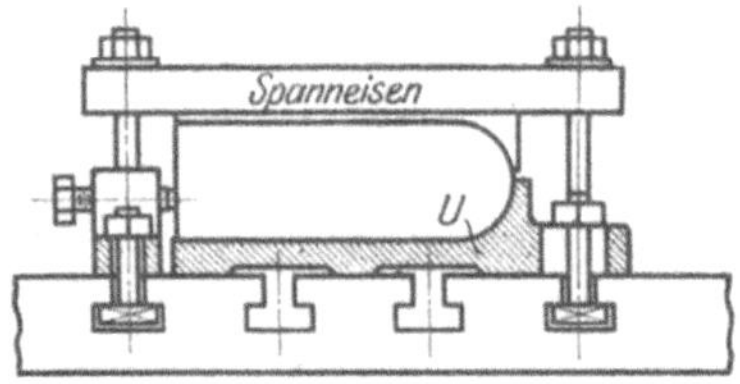

Fig. 288.

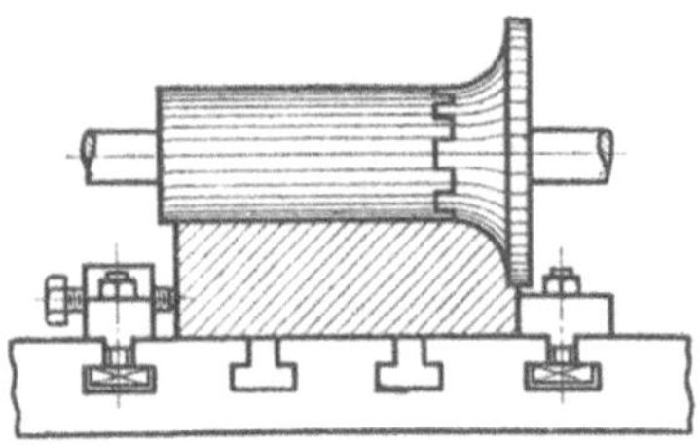

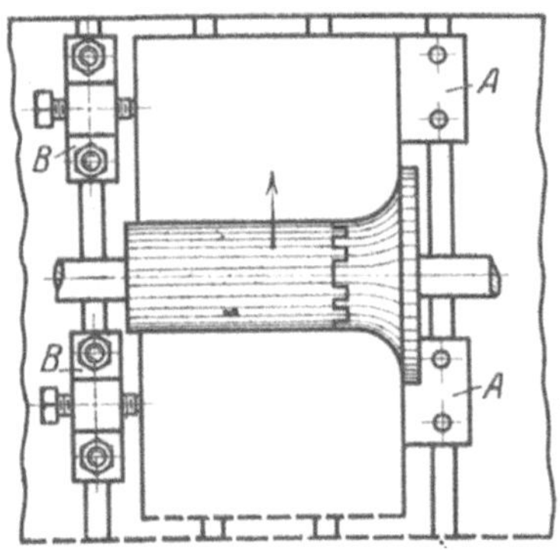

Fig. 289.

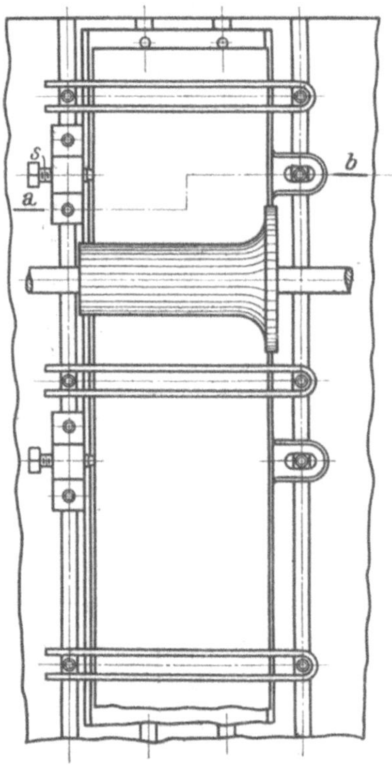

Fig. 291.

Fig. 288—291. Fräsen des Federgehängerohstückes auf der Wagerechtfräsmaschine.

Schrauben *s* dienen zur Einstellung und Aufrechterhaltung der genauen Lage des Rohstückes. Das Festspannen selbst besorgen Spanneisen, die je nach dem Vorgange des Fräsers versetzt werden müssen, oder Winkel und Schrauben, die an den Stirnseiten angebracht werden.

Es wird der gleiche Fräser wie vorhin verwendet. Die Einstellung des Fräsers geschieht durch Parallelendmaße, die Kontrolle der Arbeit durch Schublehre und Schablone.

Es folgt dann das Zerlegen des so bearbeiteten Rohstückes in 5 einzelne Stücke, wie das Fig. 284 andeutet, auf einer wagerechten Fräsmaschine, deren Spindel mit 6 Kreissägeblättern ausgerüstet ist. Die Aufspannung erfolgt auf einem Winkel (Fig. 292 u. 293), der mit Schrauben oder Spanneisen auf dem Fräsmaschinentisch befestigt ist. Spanneisen, die über jedes der 5 Stücke gelegt sind, sorgen für sichere Lage bis zur Beendigung des Schnittes. Damit die Kreissägeblätter durchschneiden können, ist der wagerechte Schenkel des Winkels mit Nuten versehen, während die senkrechten Schenkel ganz durchschnitten sind. Da die entstandenen Schnittflächen nicht sauber sind, machen die 5 Stücke noch eine gemeinsame Bearbeitung auf einer zweispindligen Wagerechtfräsmaschine durch, wobei sie nach Fig. 294—296 eingespannt sind.

Fig. 292.

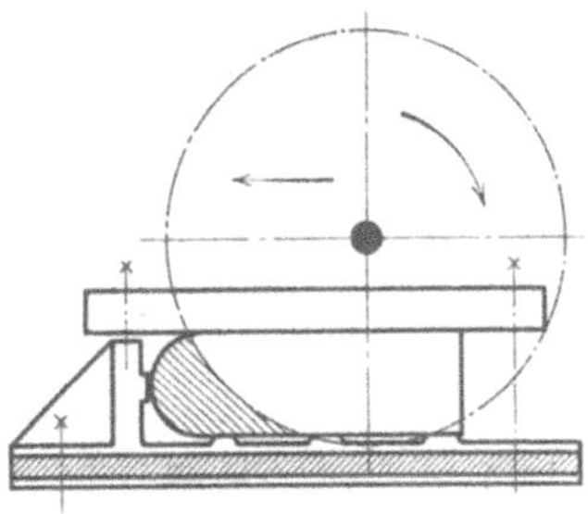

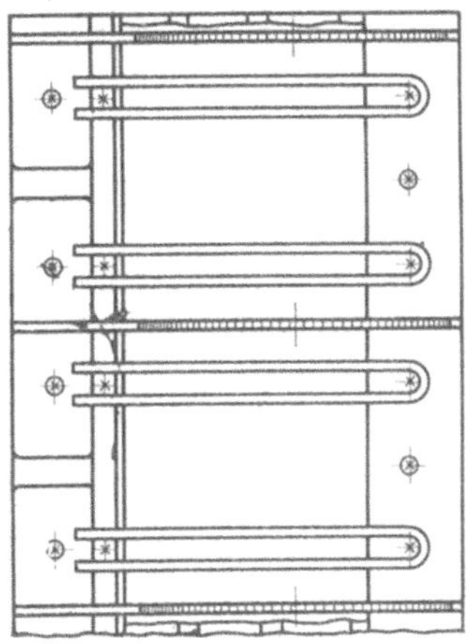

Fig. 293.

Fig. 292 und 293. Zerlegen des Arbeitsstückes in 5 Teile.

2 Flacheisen, die auf dem Fräsmaschinentische liegen, gestatten die vollständige Bearbeitung durch die beiden Messerköpfe.

Die Kontrolle der genauen Länge geschieht durch Mikrometer.

Es folgt nun (Fig. 297—301) die Herstellung der Bohrungen α und β für die Bolzen, die das Gehänge mit der Achsbuchse bzw. mit dem Federbund verbinden, sowie die Herstellung der beiden Bohrungen γ, die die Abrundungen beim später folgenden Ausstoßen ergeben, sowie das Bohren des Loches δ für die Schmierung des Gehänge und Federbund verbindenden Bolzens.

Zu diesem Zwecke bringt man die einzelnen Stücke in einen *U* förmigen Bohrkasten, wobei eine der oben gefrästen Flächen und die Rundung als Grundlagen dienen, die sich gegen ein vor den *U*-Kasten geschraubtes Flacheisen *Fl* legen bzw. gegen prismenartig ausgebildete Stücke *a a*, die innen an einem der Schenkel des *U*-Kastens befestigt sind. 2 Druckschrauben *d* halten das eingebrachte Stück fest.

Nach oben hin ist der Bohrkasten durch den Deckel *x* geschlossen, der die Bohrbüchsen für β, γ und δ trägt.

Die Bohrbüchse für Loch *a* befindet sich in einem Deckel *D*, der nach Einbringen des zu bearbeitenden Stückes aufgelegt wird. Seine

Fig. 294.

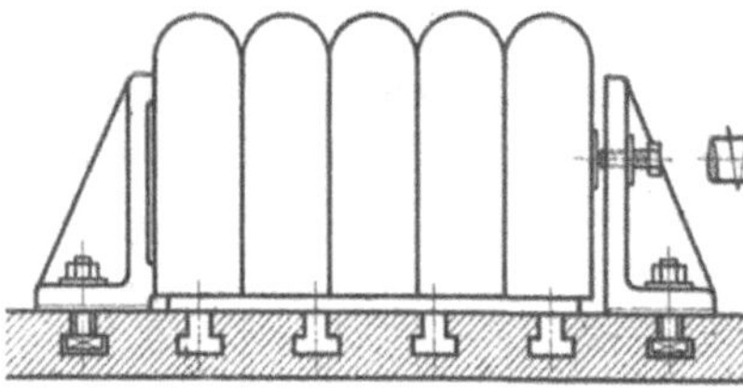

Fig. 295.

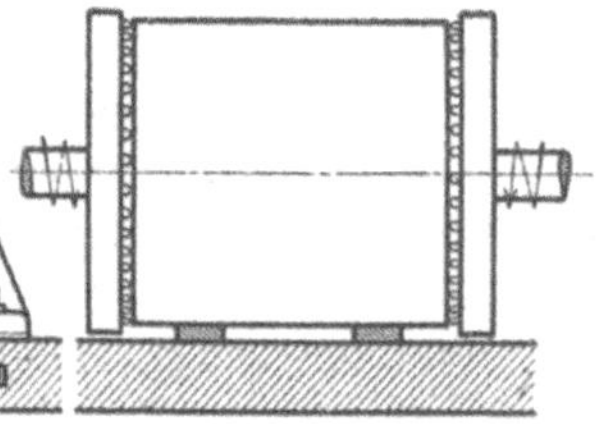

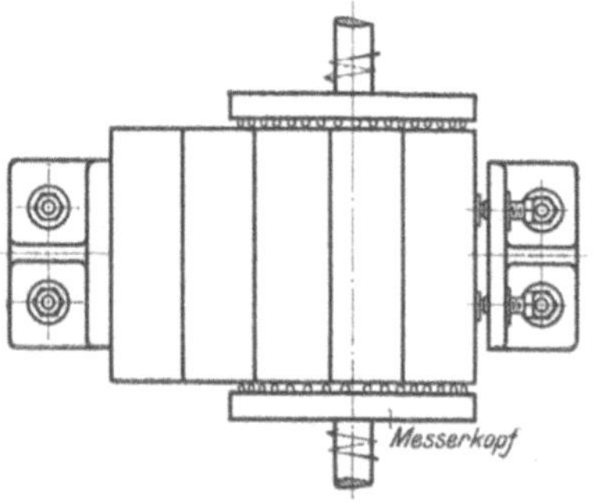

Fig. 296.

Fig. 294—296. Nachfräsen der Schnittflächen.

Fig. 297.

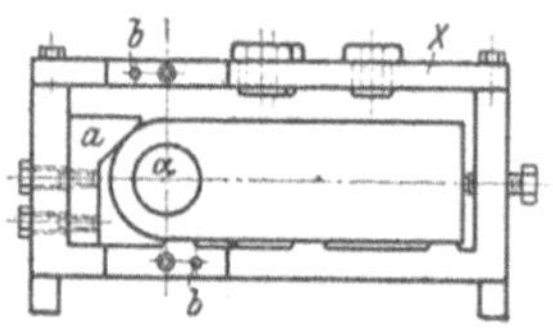

Fig. 298.

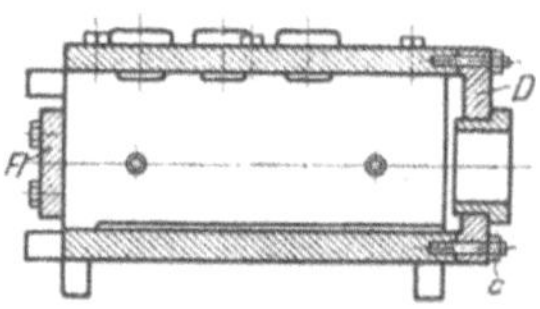

Fig. 300.

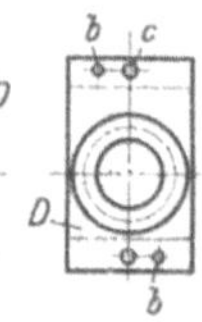

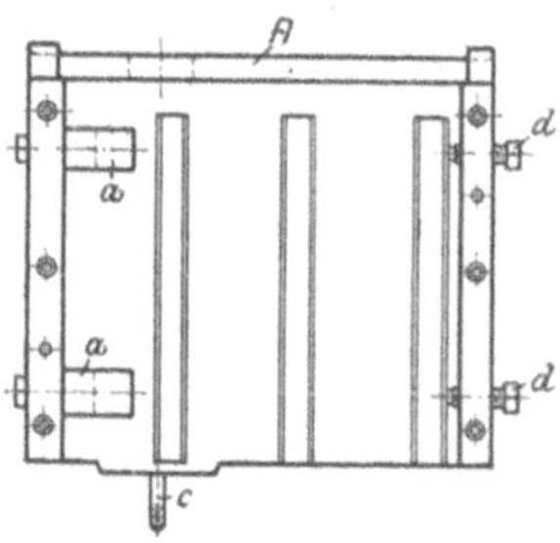

Fig. 299.

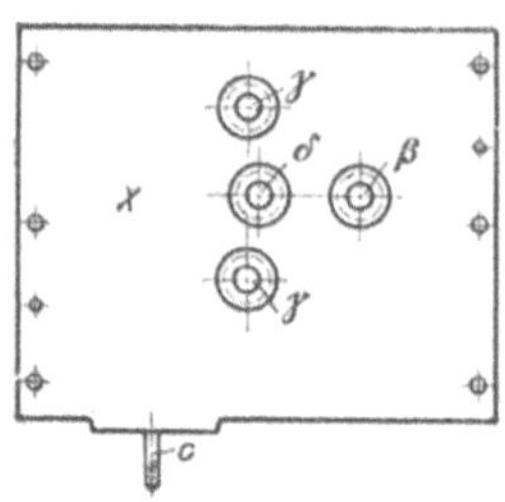

Fig. 301.

Fig. 297—301. Bohrkasten für das Federgehänge.

genaue Lage bekommt der Deckel *D* durch 2 Prisonstifte *b*, gehalten wird er durch die Schrauben *c*.

Die verwendeten Werkzeuge sind Spiralbohrer für alle Löcher und Reibahlen für die Löcher α und β. Die verwendete Maschine ist eine Senkrechtbohrmaschine. Die Kontrolle von α und β erfolgt durch Toleranzkaliber. Zum Bohren des Schmierloches ε auf einer Senkrechtbohrmaschine legt man das Arbeitsstück auf einen Winkel (Fig. 302 u. 303). Eine Bohrschablone, die sich in dem Loch β zentriert und gegen den Winkel stützt, übernimmt die Führung des Spiralbohrers.

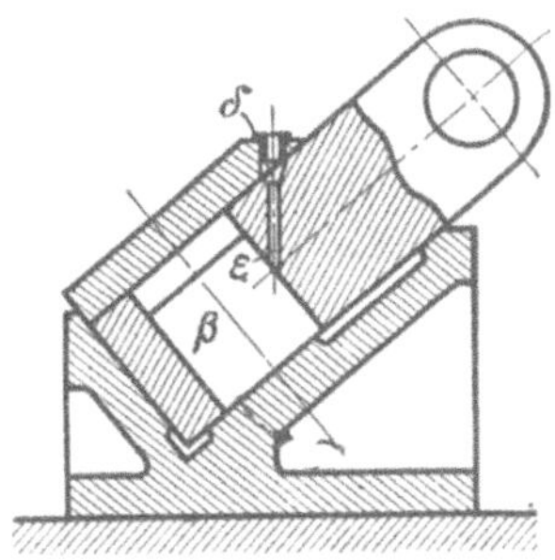

Fig. 302.

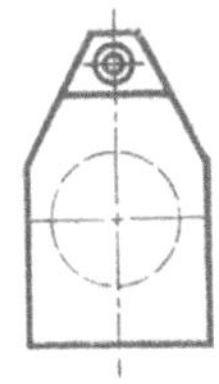

Fig. 303.

Fig. 302 und 303. Bohrwinkel mit Schablone.

Zum Anreißen der Linien für das Ausstoßen bedient man sich zweckmäßig einer Schablone (Fig. 304 u. 305), bei der ein Anschlag und 2 Stifte die genaue Einstellung gewährleisten. Das Ausstoßen vollzieht sich auf einer Senkrechtstoßmaschine, auf deren Tisch das Arbeitsstück mittels Spanneisen und Schrauben sowie einer durch die Bohrung β gesteckten Schraube befestigt ist (Fig. 306—307). Die Unterlagscheibe für die letztere Schraube ist zweckmäßig geschlitzt zu nehmen, damit das Auf- und Abspannen schneller erfolgen kann. Unterlagen a und b ermöglichen die vollständige Bearbeitung. Die Kontrolle geschieht durch eine Schablone.

Fig. 305.

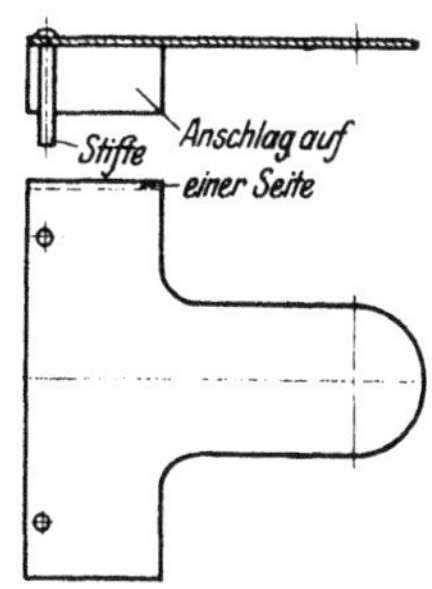

Fig. 304.

Fig. 304 und 305. Anreißschablone.

b) Federbund. Das fertige Stück ist in den Fig. 308—310 dargestellt, während Fig. 311 das Ausgangsmaterial zeigt.

Das Rohstück wird zunächst an den 4 Längsflächen auf einer Tischhobelmaschine geschruppt und geschlichtet, wobei die Aufspannung nach Fig. 312 u. 313 erfolgt. Das Einstellen des Stahles auf genaue Höhe geschieht durch Parallelendmaße. Zum Messen der Dicken bedient man sich einer Schublehre.

Auf einer Kreissäge wird sodann das so vorbereitete Rohstück in einzelne Stücke zerschnitten, nachdem vorher ihre Länge angerissen ist (Fig. 314).

In eine Aufspannvorrichtung (Fig. 315—317), die auf den Tisch einer Wagerechtfräsmaschine geschraubt ist, stellt man 4 derartige Stücke, indem man sie mit den geschlichteten Seitenflächen gegen einen Winkel drückt. Zur Erhaltung dieser Lage zieht man die Schrauben x leicht an und preßt dann durch festes Anziehen der Druckschrauben y die

4 Klötze fest gegeneinander und gegen die rechte Wand, die die zwei Winkel verbindet. Es werden zuerst die oberen Stirnflächen mittels eines Walzenfräsers — F_1 in Fig. 315 — geschlichtet.

Fig. 306.

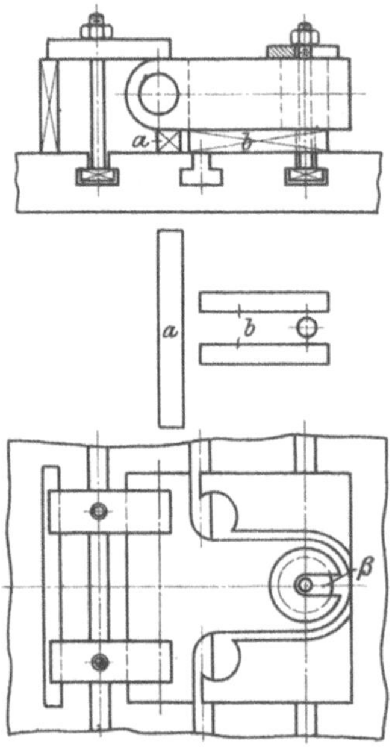

Fig. 307.

Fig. 306—307. Ausstoßen auf der Senkrechtstoßmaschine.

Fig. 308.

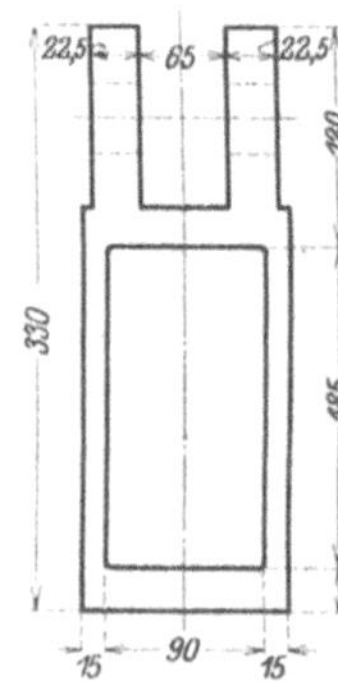

Fig. 309.

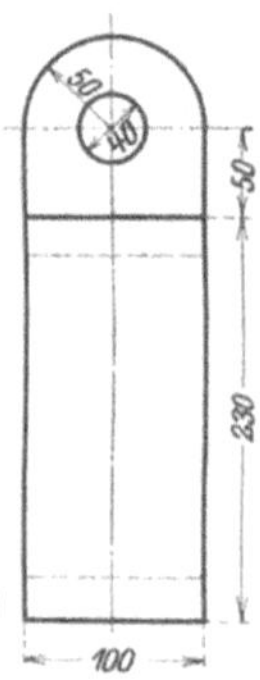

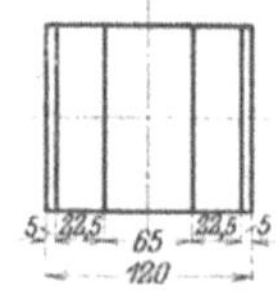

Fig. 310.

Fig. 308—310. Federbund.

Mit diesen geschlichteten Flächen werden die einzelnen Teile wieder in die Aufspannvorrichtung auf dem Fräsmaschinentisch gestellt und wie oben aufgespannt für die Herstellung der Rundung, die mittels des in Fig. 316 skizzierten Formfräsers F_2 erfolgt. Kontrolle durch Schublehre und Schablone.

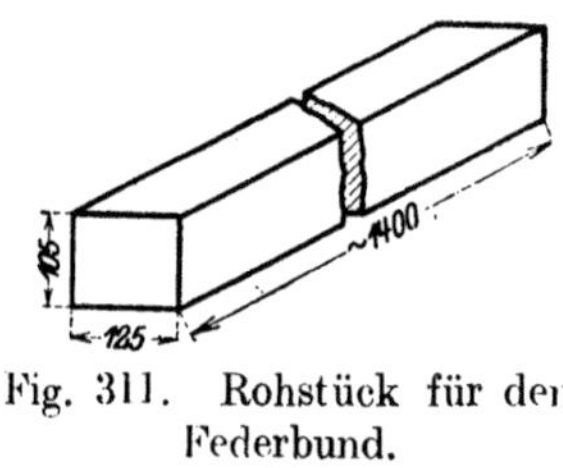

Fig. 311. Rohstück für den Federbund.

Bei der nun folgenden Bearbeitung — Herstellung der Bohrung für den Bolzen *C* (Fig. 283) und der Löcher zum Ausstoßen des rechteckigen Loches für die Feder — legt man unter Benutzung der eben erzeugten Rundung und der Seitenflächen als Anlageflächen die einzelnen Stücke in einen Bohrkasten (Fig. 318—321).

Das Material des *U*förmigen Bohrkastens ist Gußeisen. Die eine Stirnwand ist durch eine schmiedeeiserne Platte *P* geschlossen, gegen die die Rundung des Arbeitsstückes sich legt. Auf der offenen Längsseite des Bohrkastens befinden sich 2 Flacheisen *a*, in denen je 2 Druckschrauben *d* stecken, durch deren Anziehen die genaue. sichere Lage des Arbeitsstückes im Bohrkasten erzielt wird.

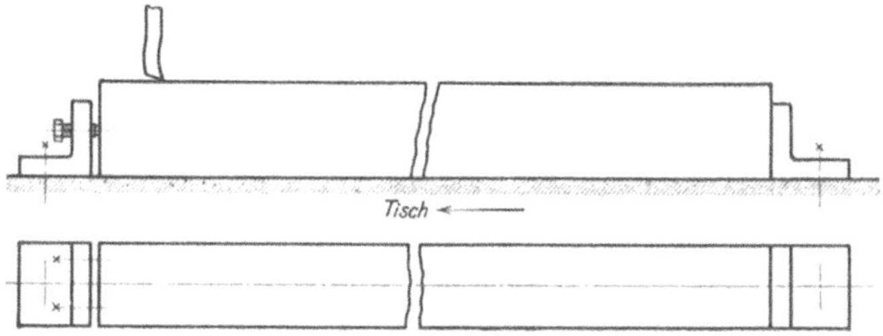

Fig. 312 und 313.
Hobeln der Längsflächen.

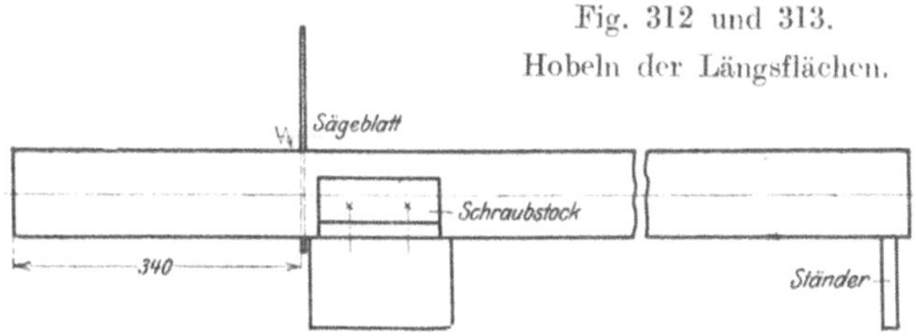

Fig. 314. Zerschneiden in Einzelstücke.

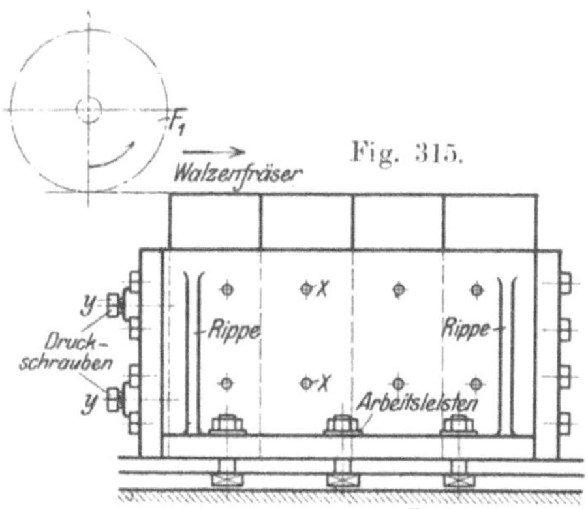

Fig. 315.

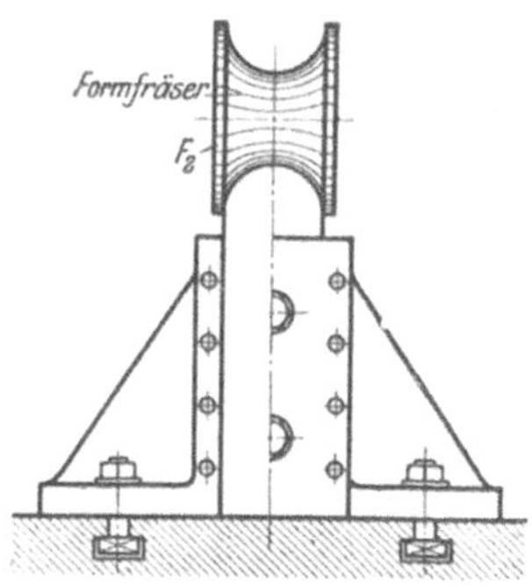

Fig. 316.

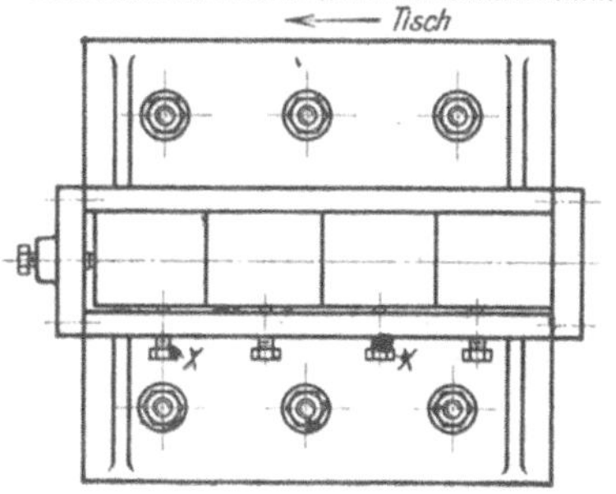

Fig. 317.

Fig. 315—317.
Bearbeiten der Stirnflächen bzw. Herstellung der Rundung.

Während für das Bohren der 4 Löcher zum Ausstoßen die Verwendung eines Spiralbohrers genügt, muß das Loch für den Bolzen *C* nach dem Bohren noch nachgerieben werden, weshalb die Bohrbüchse für dieses Loch leicht herausnehmbar gemacht ist. Die Arbeitsmaschine ist eine Senkrechtbohrmaschine, als Kontrollwerkzeug nimmt man den Grenzlehrbolzen.

Auf einer Wagerechtfräsmaschine, deren Spindel 3 Fräser (Fig. 322 bis 324) trägt, vollzieht sich dann die Ausarbeitung der Nut *N*, die zur

Fig. 318.

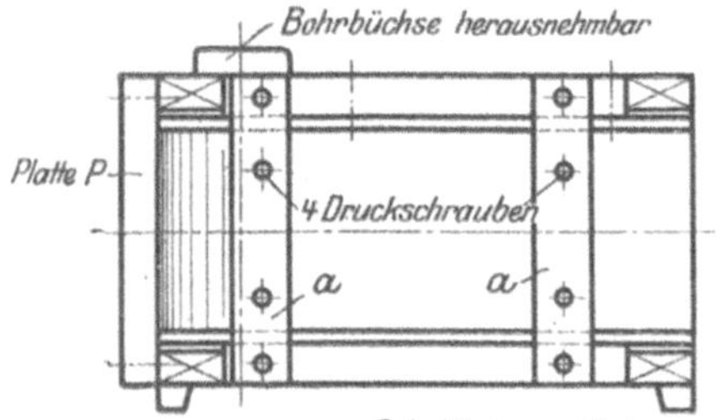

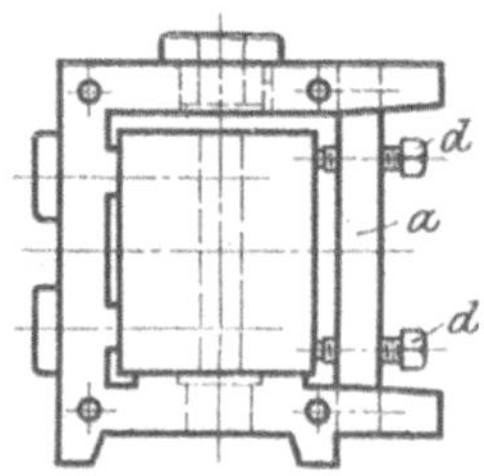

Fig. 319.

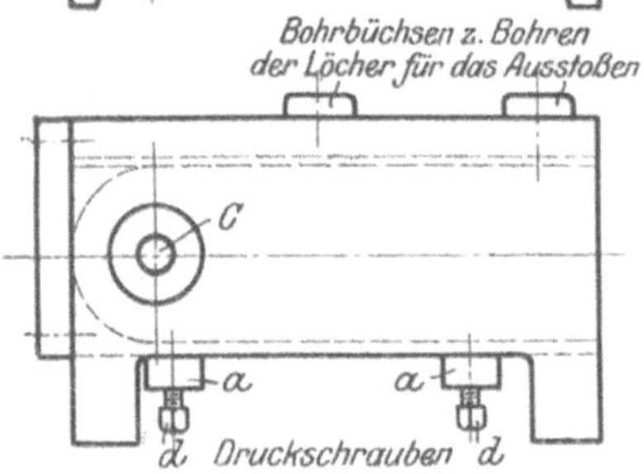

Fig. 320.

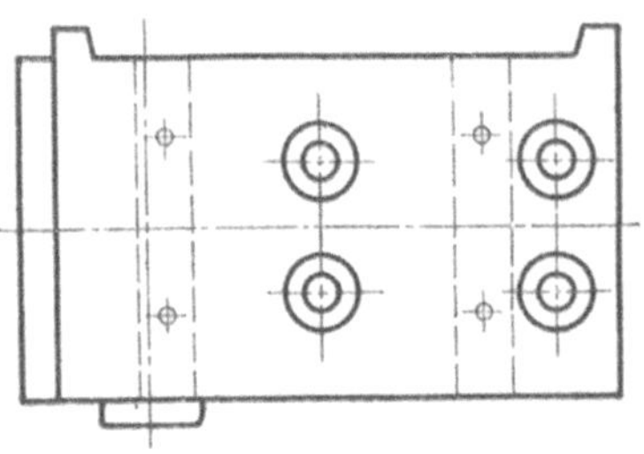

Fig. 321.

Fig. 318—321. Bohrkasten für Federbunde.

Verbindung von Federbund und Gehänge nötig ist. Die Aufspannung erfolgt genau so wie in Fig. 315—317. Die Einstellung der Fräser geschieht durch Parallelendmaß, die Kontrolle durch Schublehre und Schablone.

Zum Ausstoßen spannt man das Arbeitsstück mit Spanneisen und Schrauben auf den Tisch der verwendeten Senkrechtstoßmaschine (Fig. 325 u. 326), nachdem vorher die Umrisse des auszustoßenden Rechteckes festgelegt sind. Zur Kontrolle dieser Arbeit benutzt man Lehren.

c) Führung für die Federstütze. Fig. 327—329 lassen das fertige Stück und das Rohstück erkennen, aus dem ersteres entsteht.

Auch hier fängt die Arbeit mit Bearbeitung der 4 Seitenflächen an, die auf einer Wagerechtfräsmaschine unter Verwendung eines Walzen-

Fig. 322.

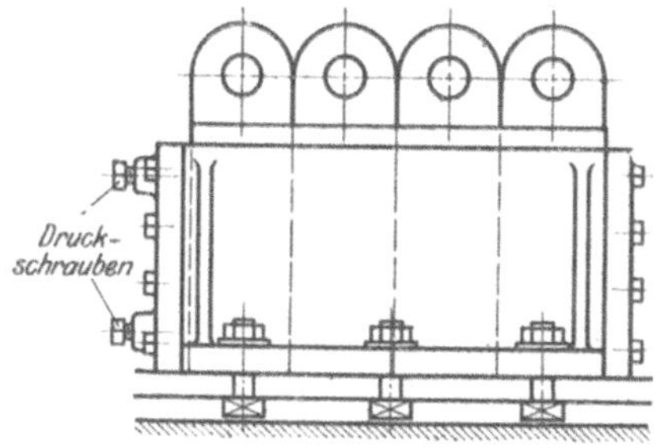

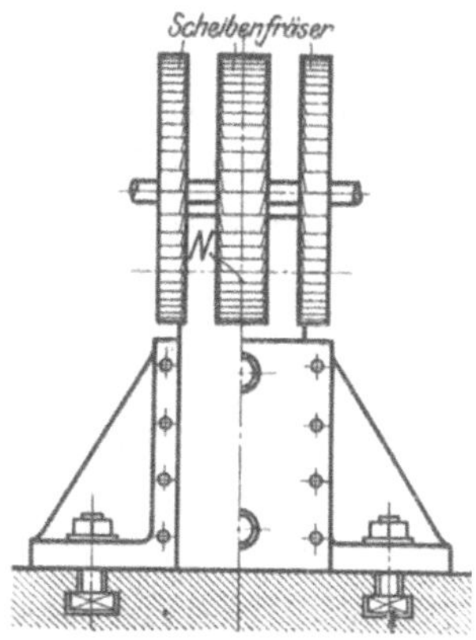

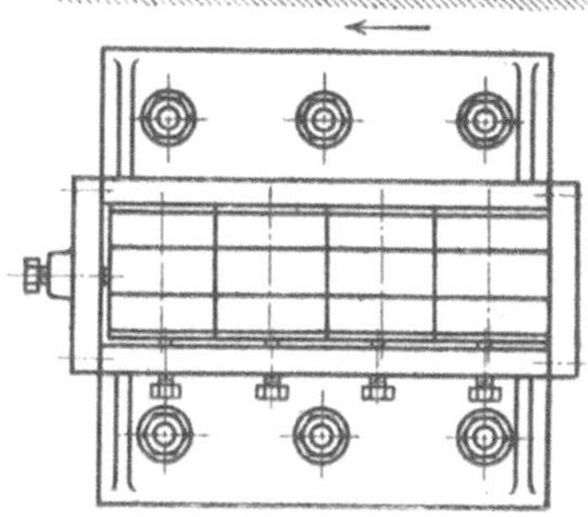

Fig. 324.

Fig. 323.

Fig. 322—324. Nutenfräsen.

fräsers erfolgt, der zur Erzielung der genauen Dicken des Arbeitsstückes mit Parallelendmaßen eingestellt wird. Fig. 330 u. 331 zeigen die Aufspannung, bei der mehrere Rohstücke zu gleicher Zeit bearbeitet werden. Die Kontrolle der Arbeit geschieht durch Schublehre.

Das Zerlegen der so vorbereiteten Stücke in die einzelnen Teile erfolgt ebenfalls auf einer Wagerechtfräsmaschine, deren Spindel zu diesem Zwecke ein Kreissägeblatt trägt. Ein auf dem Tisch der Fräsmaschine befestigter

Fig. 325.

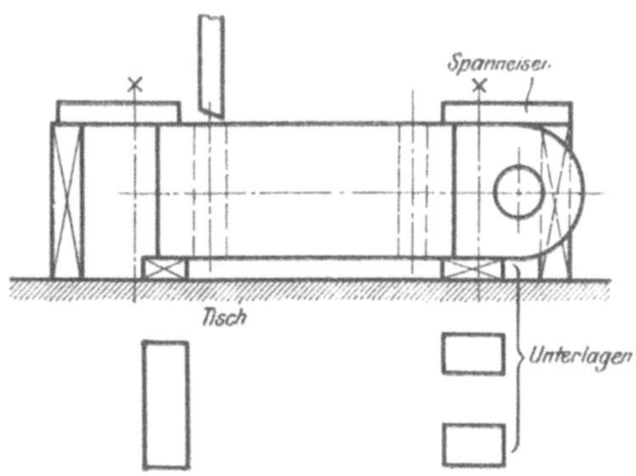

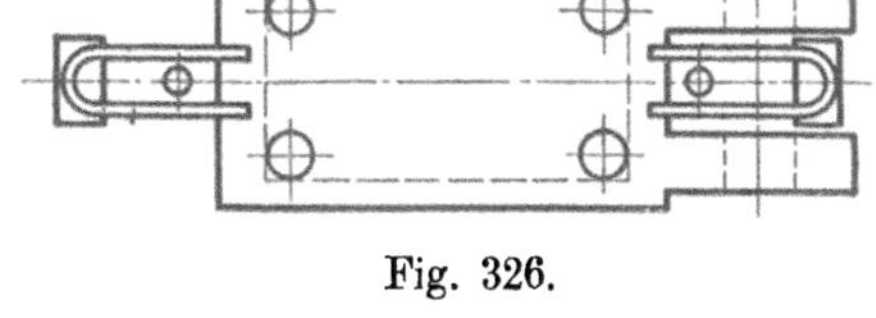

Fig. 326.

Fig. 325 und 326. Ausstoßen des Federbundes.

Anschlag A stellt die Stücke auf genaue Länge ein, wodurch vorheriges Anreißen erspart ist. Auch hier sind mehrere Stücke zugleich aufgespannt (Fig. 332—334).

Zur Erzeugung der Nut für die Federstütze spannt man 4 abgeschnittene Stücke (Fig. 335—337), die sich gleichfalls mit der einen

Fig. 327 u. 328.

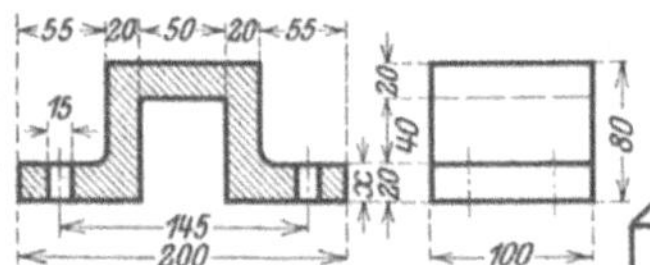

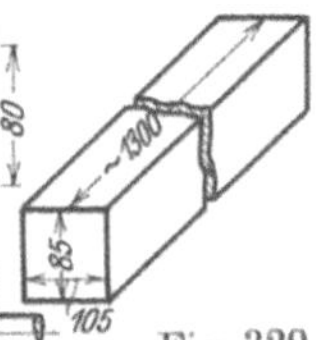

Fig. 329.

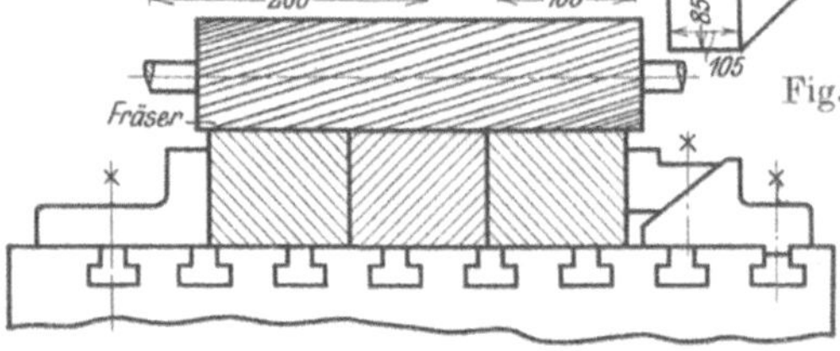

Fig. 330.

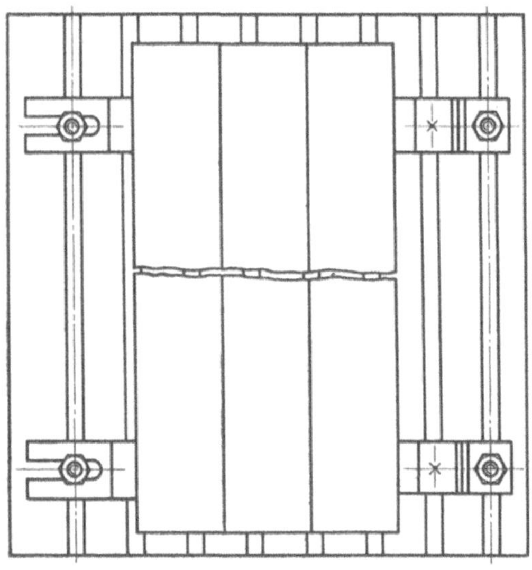

Fig. 331.

Fig. 330 und 331.

Fig. 327 und 328. Führung für die Federstütze. — Fig. 329. Rohstück. — Fig. 330 und 331. Fräsen der 4 Seitenflächen auf der Wagerechtfräsmaschine.

Stirnfläche gegen einen festen Anschlag legen, unter Verwendung des gezeichneten Parallelschraubstockes auf den Tisch einer Wagerechtfräsmaschine, deren Spindel außer dem Fräser für die Nut noch 2 Fräser für Bearbeitung der Endflächen x der Flanschen trägt, mit denen die

Stütze an den Lokomotivrahmen geschraubt wird. Die Einstellung des Walzenstirnfräsers für die Nut geschieht auch hier durch Parallelendmaße. Die Kontrolle erfolgt durch Lehren.

Die eben erzeugte Nut benutzt man als Grundlage für die nun folgende Arbeit: Herausarbeiten der Flanschen, die ebenfalls auf einer Wagerechtfräsmaschine, die mit 2 Spindeln ausgerüstet ist, erfolgt (Fig. 338 u. 339). Auf den Tisch dieser Fräsmaschine ist eine Führungsleiste F geschraubt, über die man mehrere genutete Stücke stülpt, die so ohne Probieren

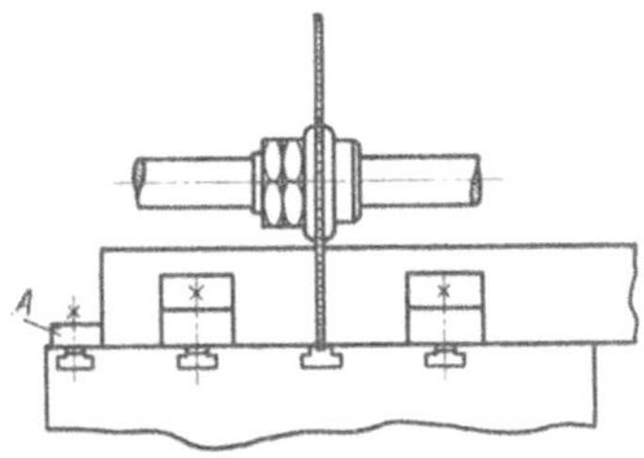

Fig. 332.

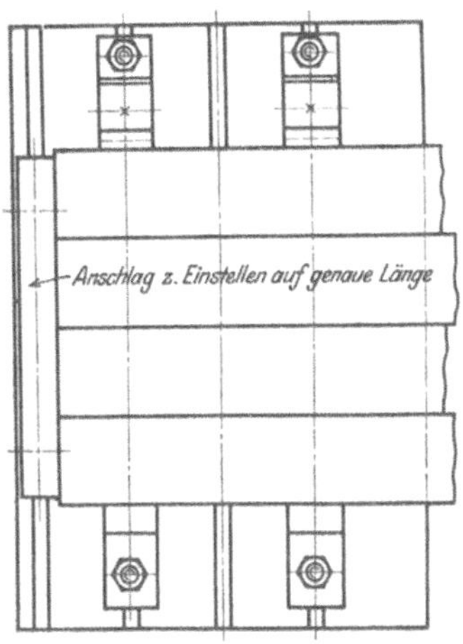

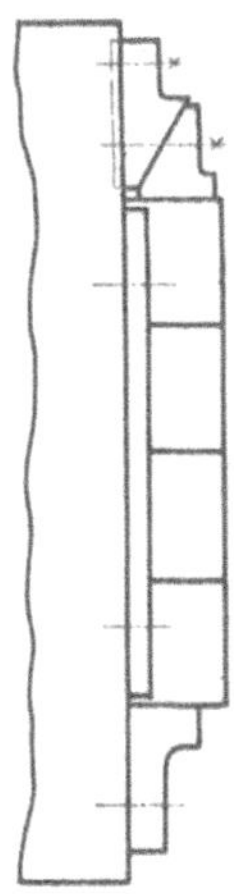

Fig. 333. Fig. 334.

Fig. 332—334. Zerlegen in einzelne Stücke.

ein für alle Male eine genaue Lage gegenüber den beiden Walzenstirnfräsern bekommen.

Das Festspannen erfolgt durch 2 hochkantgestellte Flacheisen, die durch Stehbolzen miteinander verbunden sind. Schrauben, die an den Enden zwischen den Flacheisen sich befinden, pressen diese Eisen auf Keile, die auf jedem Arbeitsstück liegen. Durch nachträgliches Anziehen der Keile wird ein gutes Festspannen gewährleistet. Die Einstellung der Fräser geschieht durch Parallelendmaß, die Untersuchung der Genauigkeit der Arbeit durch Schublehre und Schablone.

Um die Löcher für die Befestigungsschrauben in den Flanschen zu bohren, schiebt man die einzelnen Stücke in eine Bohrvorrichtung (Fig. 340—342). Auf eine kräftige Gußeisenplatte ist eine Führungsleiste *F* geschraubt, deren Breite gleich der lichten Breite der Nut in der Führung des Arbeitsstückes ist.

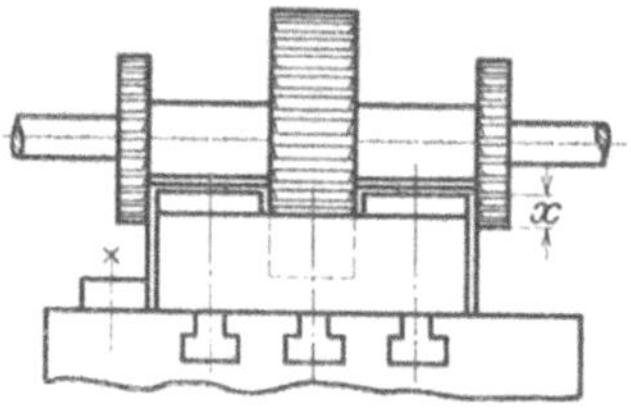

Fig. 335.

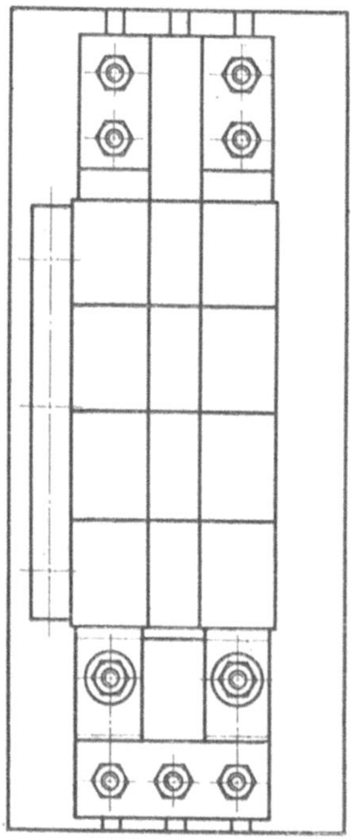

Fig. 336.

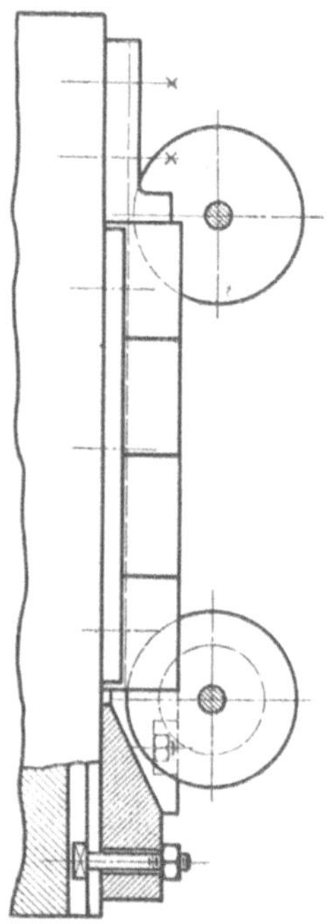

Fig. 337.

Fig. 335—337. Erzeugung der Nut auf der Wagrechtfräsmaschine.

Rechts und links davon sind mittels dreier Schrauben die die Bohrbüchsen tragenden Platten auf der Grundplatte befestigt. Auf genaue Länge stellt ein Anschlag *L* ein.

Das eingebrachte Arbeitsstück wird in seiner Lage durch die herunterklappbaren Teile *T* gehalten. Beim Einbringen des Arbeitsstückes werden die Teile *T T* heruntergeklappt, nachher dreht man sie um die in der Platte befestigten Schrauben *S* in die gezeichnete Stellung hoch und zieht die Schrauben *S* und *D* fest an.

13. Allgemeines.

a) Bohren von Schmierlöchern in Zylindereinsätzen.

Um die 4 Schmierlöcher in dem Zylindereinsatz *C* (Fig. 343—345) mit Hilfe einer Wagerechtbohrmaschine zu bohren, stellt man den Einsatz mit seiner bearbeiteten Endfläche auf eine Drehscheibe *D*, auf der er sich mittels der in die Scheibe eingeschraubten Stifte *s s* zentriert. Eine Schraube *Sch*, die gleichfalls in *D* geschraubt ist, spannt den Einsatz unter Vermittlung der oben darübergelegten hufeisenförmigen Unterlage *U* fest.

D dreht sich in der Grundplatte *G*, die in der Mitte ringförmig ausgestaltet ist und an 2 gegenüberliegenden Seiten rechteckige Ansätze trägt, auf die die Winkel W_1, W_2 geschraubt werden. In dem ringförmigen Teil von *G* befindet sich eine Bohrung, in der der Arretierstift *b* gelagert

Fig. 338

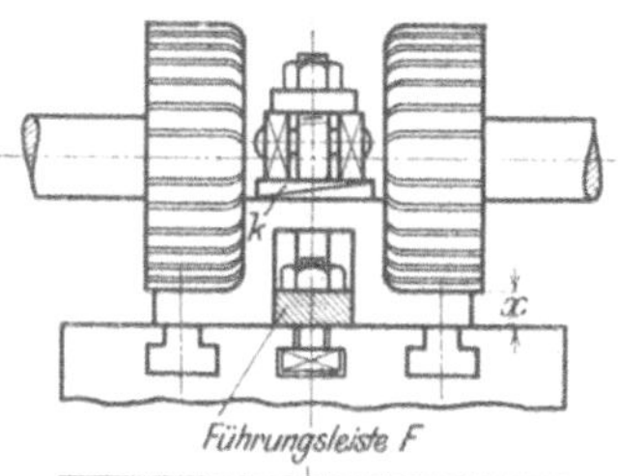

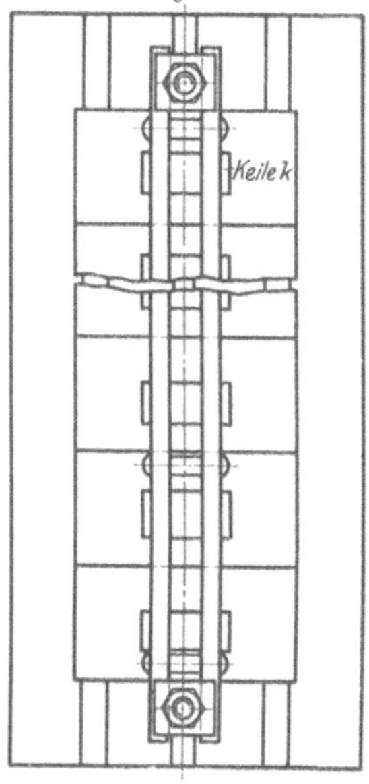

Fig. 339.

Fig. 338 und 339. Ausarbeiten der Flanschen auf der Wagrechtfräsmaschine.

Fig. 340.

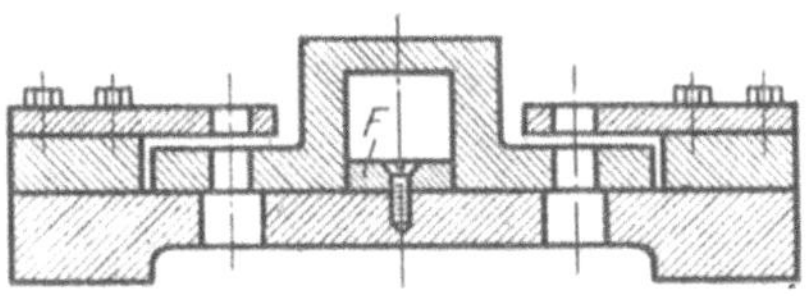

Fig. 341.

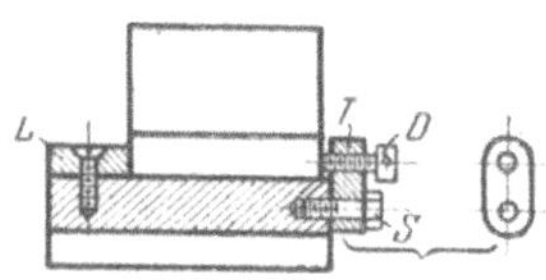

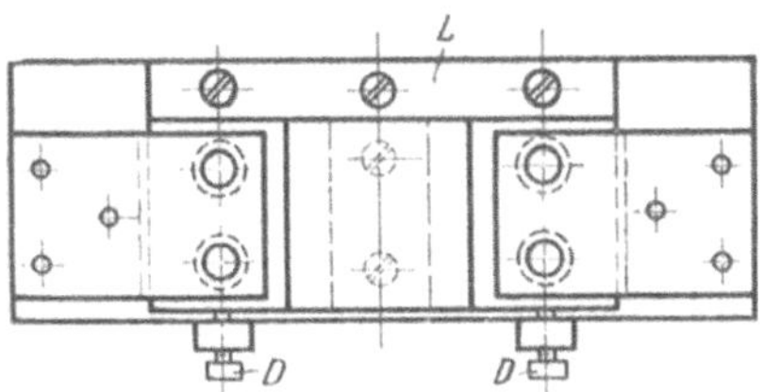

Fig. 342.

Fig. 340—342. Bohrvorrichtung für die Schraubenlöcher.

ist, der, durch eine hier nicht skizzierte Feder betätigt, auf bekannte Weise in die eine der 4 unter Winkeln von 90° auf dem Umfange

Fig. 343.

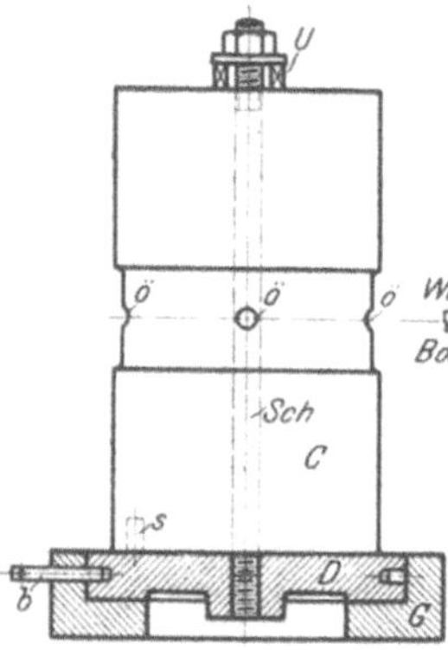

Fig. 344.

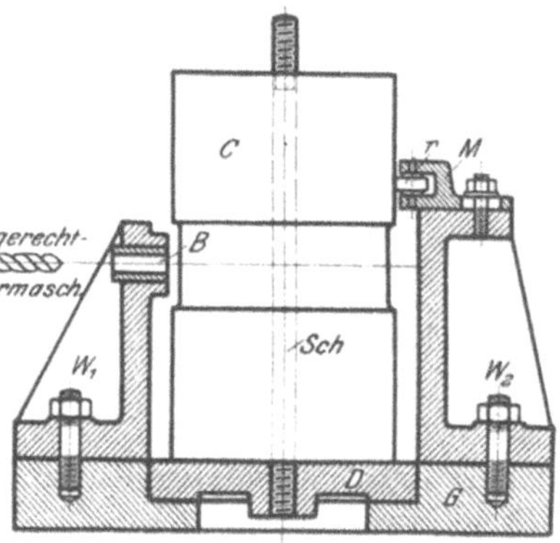

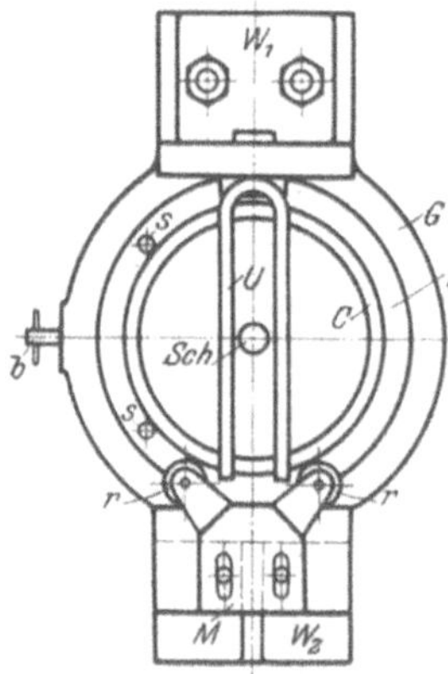

Fig. 345.

Fig. 343—345.
Bohren von Schmierlöchern in einen Zylindereinsatz.

von D verteilten Bohrungen gepreßt werden kann. Der Winkel W_1 trägt in dem senkrechten Schenkel die Bohrbüchse B zur Führung des Spiralbohrers. Der Winkel W_2 trägt oben eine Platte, auf deren bearbeiteter Fläche sich eine andere Platte M verschieben läßt. M ist mit 2 Längsschlitzen versehen und wird durch Schraubenbolzen gerade geführt. Am vorderen Teile von M befinden sich 2 Gabeln, in denen Rollen r gelagert sind, die, sich gegen den bearbeiteten Umfang von C legend, den Bohrdruck aufnehmen.

b) Herstellung von Überhitzerrohren.

Es werden von solchen Überhitzerrohren 4 verschiedene Sorten von verschiedener Krümmung und Länge gebraucht. Die Anordnung läßt Fig. 346 erkennen. Die in das Rohr eingesetzte Wand zwingt den Dampf, den Weg durch die Überhitzerrohre zu wählen. Um nun die passend gebogenen Rohre rasch und genau auf Länge abzuschneiden, legt man immer 4 zusammengehörige Stücke auf eine Aufspannplatte P (Fig. 347 u. 348), die auf dem Tisch einer Kreissäge befestigt ist. Platte P

trägt entsprechend verlaufende Nuten, in die die einzelnen Rohre passen. 2 Eisen *B B* halten — durch Schrauben angepreßt — die Rohre in ihren

Fig. 346. Überhitzerrohre.

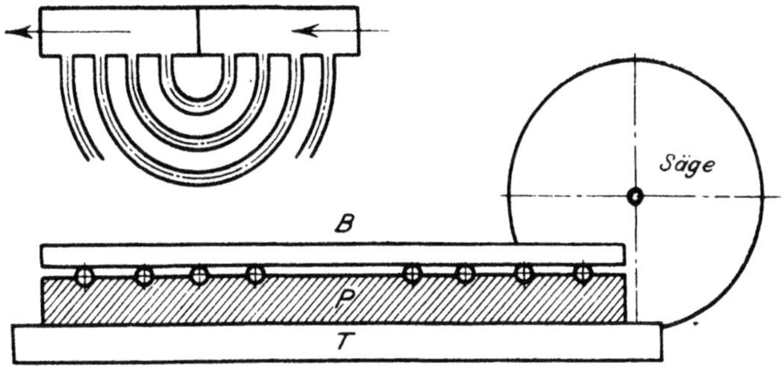

Fig. 347.

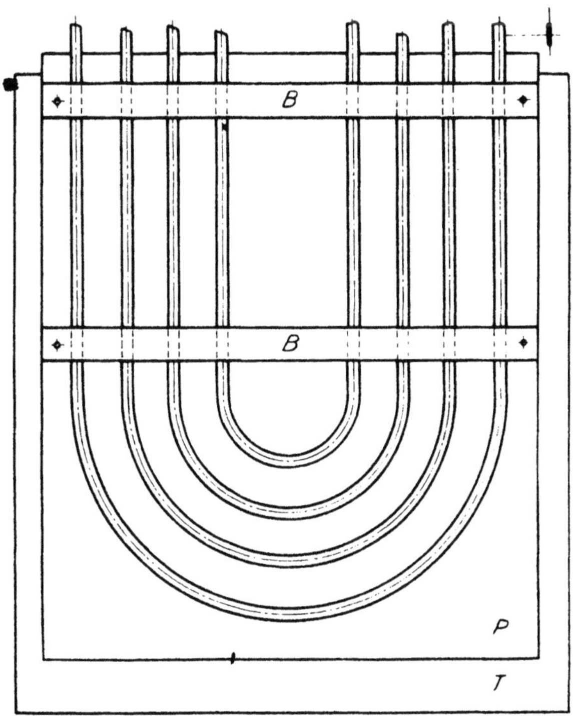

Fig. 348.

Fig. 347 und 348. Beschneiden gebogener Überhitzerrohre mittels Kreissäge.

Lagern fest. Durch Vorbeiführen an dem sich drehenden Kreissägeblatt werden die Rohre auf passende Länge abgeschnitten.

14. Graphische Bestimmung der Arbeitszeit.

Bei Festsetzung des Arbeitsakkordes für irgend ein auf einer Werkzeugmaschine zu bearbeitendes Werkstück sind scharf zu trennen: die reine Arbeitszeit und die Zeit für Nebenarbeiten. Unter letzteren versteht man bekanntlich: das Anreißen und Ankörnen des Werkstücks, das Aufspannen, das Ansetzen des Werkzeugs, das Messen, das Abspannen, den Werkzeugwechsel sowie das Einrichten der Maschine. Man hat es zum Teil in der Hand, die dafür benötigten Zeiten niedrig zu halten, indem man z. B. dem betreffenden Arbeiter geeignete Aufspannvorrichtungen zur Verfügung stellt, indem man durch Verwendung von Bohrkästen das Anreißen und Ankörnen spart, indem gute Meßwerkzeuge zweifelsfrei den Arbeiter erkennen lassen, wann der Genauigkeitsgrad der hergestellten Arbeit genügt, oder indem man durch Revolvermaschinen die Stahlwechselzeit auf ein Minimum beschränkt und dabei zugleich die Zeit des Ansetzens spart. Man ist aber auf Schätzung der Nebenarbeitszeit angewiesen, abgesehen von den ganz automatisch arbeitenden Maschinen, da die mehr oder weniger große Geschicklichkeit des betreffenden Arbeiters sehr ins Gewicht fällt.

Anders verhält es sich mit der Ermittlung der reinen Arbeitszeit. Diese läßt sich für eine bestimmte Arbeit genau vorausbestimmen, entweder durch Rechnen oder, um auch hier an Zeit zu sparen, durch irgend eine graphische Methode, wie das im folgenden gezeigt werden soll.

Die reine Arbeitszeit hängt neben der Länge bzw. der Breite des Werkstückes erstens von der Schnittgeschwindigkeit v, zweitens von der Schaltung s und drittens von der Zahl der nötigen Schnitte ab. Diese so klein wie möglich zu halten, hat man in der Hand durch die vorhergehende Behandlung des zu bearbeitenden Gegenstandes durch Gießen, Schmieden usw., so daß dieser Punkt für unsere Untersuchung keine Hauptrolle spielt; es ist nur das graphisch ermittelte Ergebnis eventuell mit der Zahl der benötigten Schnitte malzunehmen.

Da beim Fräsen die Schaltung in mm pro Minute angegeben wird, so fällt diese Bearbeitungsweise für uns fort, es bleiben nur die Dreh-, Bohr-, Schleif-, Hobel- und Stoßarbeiten übrig.

Auf der Tafel sehen wir nun eine Zahl paralleler Linien, unter einem Winkel von 45° verlaufend, gezeichnet. Wie sind diese entstanden?

Bezeichnet v die Schnittgeschwindigkeit in m/min,
s ,, Schaltung in mm pro Umdrehung oder Doppelhub,
n ,, Drehzahl des Werkstücks oder Werkzeugs in der Minute, so besteht die *Gl*

$$v = \frac{d \cdot \pi \cdot n}{1000} \quad \ldots \ldots \ldots \quad \mathrm{I}$$

Nehmen wir $v =$ Const. an, so wird diese *Gl.* durch eine gleichseitige Hyperbel dargestellt. Tragen wir nun die zusammengehörenden Werte von d und n in log. Maßstab auf einer Abszissen- und Ordinatenachse auf, so erscheint die gleichs. Hyperbel als eine unter 45° verlaufende gerade Linie. Um für verschiedene Werte von v diese Linien darzustellen, bedenken wir, daß in *Gl.* 1 $v = \frac{d}{100}$ wird für $n = \frac{10}{\pi}$. Ziehen wir also die Linie $a\,a$ im Abstand $n = \frac{10}{\pi}$ || der X-Achse und nehmen wir z. B. $d = 100$ an, so finden wir, da $v = \frac{100}{100} = 1$ ist, auf $a\,a$ einen Punkt, durch den die unter 45° verlaufende $v = 1$-Linie zu ziehen ist. Für $d = 500$ finden wir die $v = 5$-Linie usw.

Außer diesen v-Linien ist nun noch eine andere Schar von Linien gezogen, die gleichfalls unter 45° verlaufen, die sogenannten s-Linien.

Die auf der X-Achse angegebenen Zahlen für den Durchmesser d stellen uns auch zugleich die Sekundenzahlen t dar.

Ist l die Länge des zu bearbeitenden Gegenstandes in mm, so gilt die *Gl.* für die Arbeitszeit

$$t = \frac{l \cdot 60}{s \cdot n} \text{ sec} \qquad 2$$

Nehmen wir nun, um eine gleiche Grundlage für unsere Beobachtungen zu schaffen, an, die zu bearbeitende Normallänge sei 10 mm, so ist

$$t_{10} = \frac{10 \cdot 60}{s \cdot n} \qquad 3$$

Also

$$n = \frac{600}{s \cdot t_{10}} \qquad 4$$

Wir wählen $n = 6$ und bekommen

$$s = \frac{600}{t_{10} \cdot 6} = \frac{100}{t_{10}} \qquad 4a$$

d. h., ziehen wir im Abstand $n = 6$ von der X-Achse eine Parallele $\beta\,\beta$ zu ihr und wählen wir z. B. $t_{10} = 100$, so finden wir auf $\beta\,\beta$ den Punkt, durch den die $s = 1$-Linie unter 45° verlaufen muß, ebenso für

$$t_{10} = 25: s = \frac{100}{25} = 4$$

den Punkt für die $s = 4$-Linie usw.

Um nun z. B. die Drehzeit für eine Welle von 600 mm ∅ und 10 mm Länge bei $v = 6$ m/min und $s = 1$ mm zu bekommen, geht man von 600 auf der X-Achse senkrecht nach oben bis zum Schnittpunkt y mit der $v = 6$-Linie, von dort || der X-Achse nach links bis zum Schnittpunkt z mit der $s = 1$-Linie, von dort senkrecht nach unten auf die X-Achse und findet dort $t = 188$ sec.

Hat nun aber die Welle in Wirklichkeit eine Länge von 170 mm, so hat man zu dem log. 188 noch den log. 17 zu addieren. Zu diesem

Zwecke sind oberhalb der X-Achse die Log. der Zahlen 2, 3 ... 17 ... abgetragen. Wir bekommen also, wie auf der Tafel dargestellt ist, die Gesamtarbeitszeit $T = \sim 3200$ sec für einen Schnitt.

Auf gleichem Wege findet man aus der Tafel die reine Bohrzeit für ein Loch von 40 ⌀ und 45 mm Tiefe bei einer Schnittgeschw. von $v = 12$ m/min und $s = 0{,}5$ mm Schaltung pro Umdrehung mittels der Punkte y' und z' zu 57 sec.

Aber auch für Bestimmung der reinen Hobelzeit läßt sich die Tafel, die ja für Dreharbeit aufgestellt ist. benutzen auf Grund folgender Überlegung:

Ist v_a die Arbeitsgeschwindigkeit in m/min,
v_r „ Rücklaufgeschwindigkeit in m/min,
d der Tischhub in mm, so ergibt sich

die Zeit für den Arbeitsgang $t_a = \frac{d \cdot 60}{v_a \cdot 1000}$ sec,

„ „ „ „ Rückgang $t_r = \frac{d \cdot 60}{v_r \cdot 1000}$ sec,

also die Gesamtzeit für einen Doppelhub

$$t_a + t_r = \frac{d \cdot 60}{1000}\left(\frac{1}{v_a} + \frac{1}{v_r}\right) = \frac{d \cdot 60}{1000\, v_a}\left(1 + \frac{v_a}{v_r}\right) =$$

$$\frac{d \cdot 60}{1000\, v_a}(1 + m) \text{ sec} \quad \ldots \ldots \ldots \quad 5$$

worin $m = \frac{v_a}{v_r} = {}^1/_2;\ {}^1/_3;\ {}^1/_4$ ist, wenn die Rücklaufgeschwindigkeit 2, 3, 4 mal so groß ist wie die Arbeitsgeschwindigkeit.

Ein Werkstück von l mm Breite wird also bei einer Schaltung s mm pro Doppelhub bearbeitet in

$$T = \frac{l}{s} \cdot \frac{d \cdot 60}{1000\, v_a}(1 + m) \text{ sec} \quad \ldots \ldots \quad 6$$

Stellen wir nun die Gleichung 1 und 2 zusammen, so bekommen wir als Bearbeitungszeit für das Drehen

$$t = \frac{l \cdot d \cdot \pi \cdot 60}{s \cdot 1000\, v}.$$

Die Gleichung 6 läßt sich nun auch auf eine ähnliche Form bringen, wenn wir sie mit π malnehmen und durch π teilen[1]). Sie nimmt dann folgende Form an:

$$T = \frac{l \cdot d \cdot \pi \cdot 60}{s \cdot 1000\, v_a} \cdot \frac{1 + m}{\pi} = \frac{\dfrac{l \cdot d \cdot \pi \cdot 60}{s \cdot 1000\, v_a}}{\dfrac{\pi}{1 + m}},$$

d. h., wir bekommen die reine Hobelzeit, wenn wir die Drehzeit durch

[1]) Vgl. Volk, Entwerfen und Herstellen. Verl. J. Springer, Berlin.

$\frac{\pi}{1+m}$ dividieren. Diese Division führen wir auf logarithmischem Wege aus, indem wir Strecken x darstellen, die für m = $^1/_2$; $^1/_3$; $^1/_4$ den Werten log. $\frac{\pi}{1+m}$ entsprechen.

Den in Frage kommenden logarithmischen Wert ziehen wir von der für das Drehen ermittelten Arbeitszeit ab.

Damit ergibt sich für eine Platte, deren Länge einen Tischhub von $d = 600$ mm nötig macht, die 170 mm breit ist und mit $v = 6$ m/min und $s = 1$ mm gehobelt werden soll, wie die Tafel zeigt, eine Hobelzeit von $\sim$ 1530 sec bei m = $^1/_2$.

Um die Zeitbestimmungstafel vorteilhaft verwenden zu können,

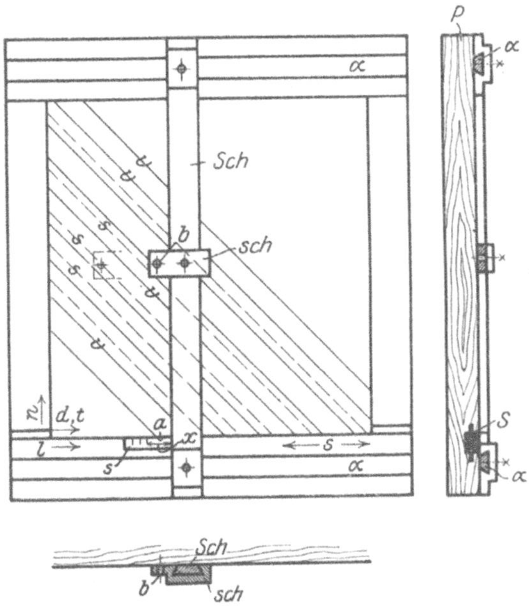

Fig. 349.

dürfte sich folgende Anordnung empfehlen, die die Skizze Nr. 349 darstellt.

Auf eine Holzplatte P ist die Tafel aufgeklebt; die Tafel enthält die Zahlen für d und t und n, während die für l auf einem besonderen Schieber S angebracht sind. Auf P sind ferner befestigt 2 Schienen $a\,a$, die schwalbenschwanzförmig ausgebildet sind, so daß der Schieber *Sch* auf ihnen sicher parallel geführt wird. Schrauben gestatten ein Feststellen von *Sch*, wenn die Kerbe a, die an einem Ansatz s von *Sch* angebracht ist, auf den zu drehenden $\varnothing$ eingestellt ist. Auf *Sch* gleitet ebenfalls mit schwalbenschwanzförmiger Führung der Schieber *sch*, der auf die vorgeschriebene Schnittgeschwindigkeit eingestellt wird, indem man die Bohrung b oder einen unter 45° verlaufenden Schlitz auf die fragliche v-Linie einstellt. a und b liegen $\perp$ übereinander. Nun verschiebt man *Sch*, bis b die gewählte s-Linie trifft, und liest unten bei a die Bearbeitungszeit für 10 mm Länge ab. Zum Feststellen der Zeit für eine beliebige Länge benutzt man eine Verschiebung des Schiebers *S*. Die Zeitbestimmung für das Hobeln geschieht durch direkte Subtraktion der Größen x, die für die verschiedenen m auf dem Ansatz s des Schiebers *Sch* angegeben sind.

Beim Plandrehen ist v veränderlich, so daß man zur Ausnützung der Bank die Tourenzahl mit abnehmendem Drehdurchmesser vergrößern muß, wenigstens wenn es sich um größere volle Scheiben oder breite Ringflächen handelt. Man rechnet hier mit einem mittleren v und mittleren $\varnothing$.

Beim Gewindeschneiden tritt an die Stelle von s die Ganghöhe des Gewindes.

Besondere Fälle:

1. Bei größerem $\varnothing$, z. B. 5000 mm bestimmt man zweckmäßig die Zeit für den $\varnothing$ 500 und nimmt das Ergebnis mit 10mal.

2. Handelt es sich ferner um das Abdrehen einer schmiedeisernen Welle von 70 mm $\varnothing$, die mit $v = 30$ m/min und $s = 5$ mm bearbeitet werden soll, so findet man keinen Schnittpunkt z auf der Tafel. Man nimmt dann $v = 3$ m/min und $d = 700$ mm. Das Resultat 88 sec für 10 mm Länge ist dann durch 100 zu teilen.

3. Wäre der Zylinder in unserem Beispiel nicht 170 mm lang, sondern 650 mm, so fiele der Endpunkt unserer Zeitbestimmungsabszisse über den Tafelrand hinaus, man nimmt dann die Hilfslänge 65 mm und multipliziert das Ergebnis mit 10.

Die Tafel gestattet auch, für jeden Drehdurchmesser die bei vorgeschriebener Schnittgeschwindigkeit zu wählende Drehzahl zu bestimmen, indem man vom Punkte y wagrecht bis zur Y-Achse geht, wo man das anzuwendende n abliest.

Druck der Universitätsdruckerei H. Stürtz A.G., Würzburg.

Zeitb

für Drehen, Bohre

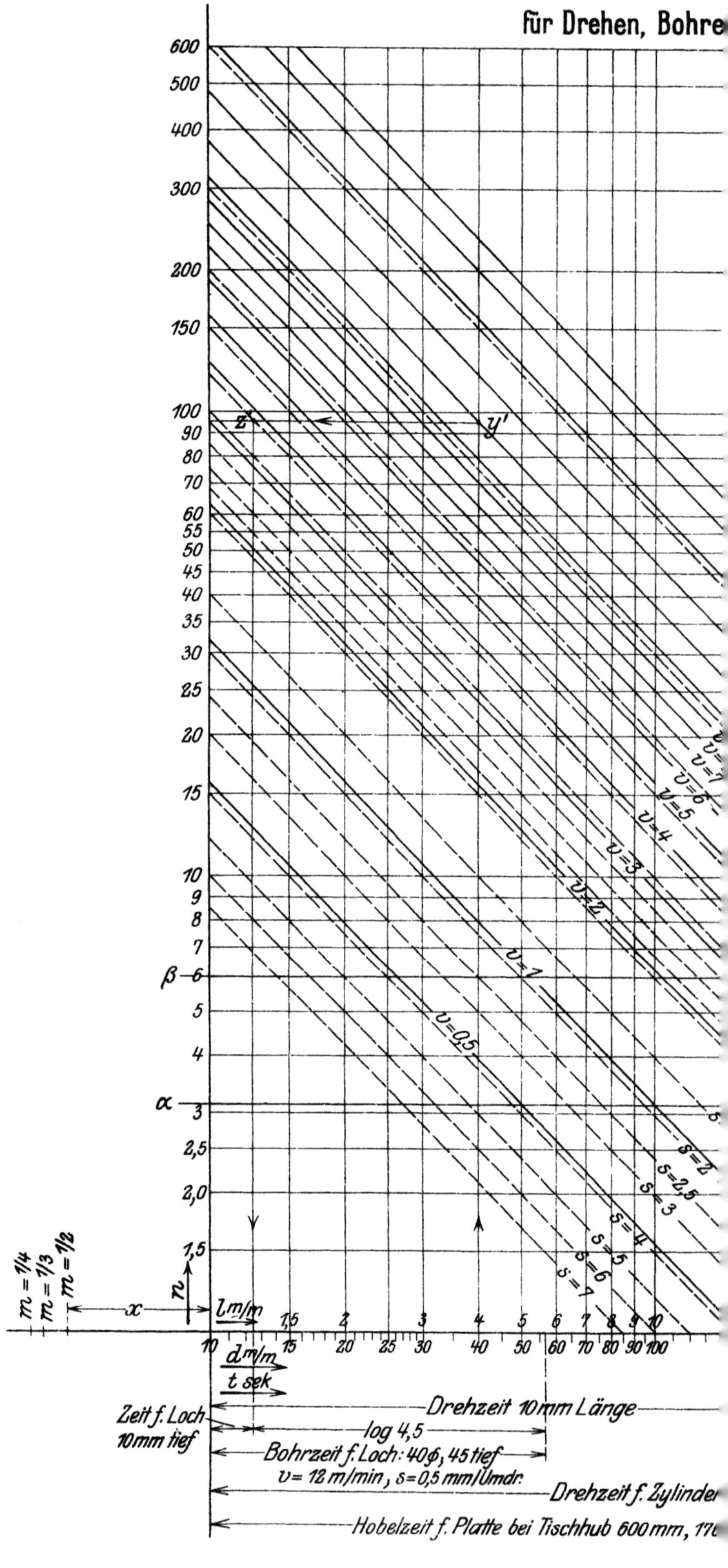

s-Tafel

Hobeln und Stoßen.

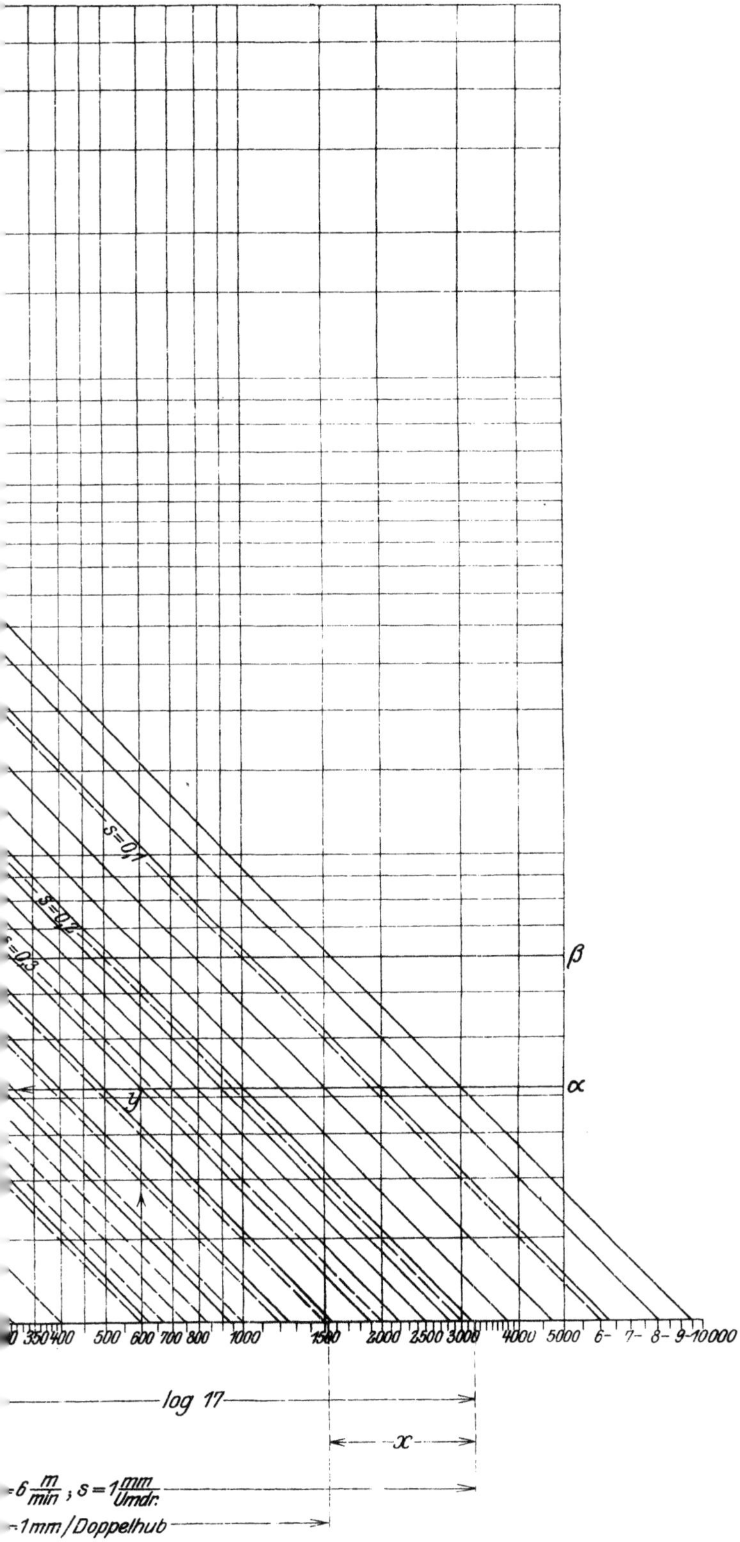

Verlag von Julius Springer in Berlin.

Einzelkonstruktionen aus dem Maschinenbau. Herausgegeben von Ing. C. **Volk** in Berlin.

Erstes Heft: **Die Zylinder ortsfester Dampfmaschinen.** Von **H. Frey** in Berlin. Zweite Auflage. In Vorbereitung.

Zweites Heft: **Kolben.** I. Dampfmaschinen- und Gebläsekolben. Von **C. Volk,** Berlin. II. Gasmaschinen- und Pumpenkolben. Von **A. Eckardt,** Deutz. Mit 247 Textabbildungen. Preis M. 4.—.

Drittes Heft: **Zahnräder.** I. Teil. Stirn- und Kegelräder mit geraden Zähnen. Von Prof. Dr. **A. Schiebel** in Prag. Zweite Auflage. In Vorbereitung.

Viertes Heft: **Die Kugellager und ihre Verwendung im Maschinenbau.** Von Ing. **W. Ahrens** in Winterthur. Mit 134 Textabbildungen. Preis M. 4.40.

Fünftes Heft: **Zahnräder.** II. Teil. Räder mit schrägen Zähnen (Räder mit Schraubenzähnen und Schneckengetriebe). Von Prof. Dr. **A. Schiebel** in Prag. Mit 116 Textabbildungen. Preis M. 4.—.

Sechstes Heft: **Schubstangen und Kreuzköpfe.** Von Oberingenieur **H. Frey** in Berlin. Mit 117 Textabbildungen. Preis M. 1.60.

Maschinenelemente. Leitfaden zur Berechnung und Konstruktion für technische Mittelschulen, Gewerbe- und Werkmeisterschulen sowie zum Gebrauche in der Praxis. Von Ing. **H. Krause,** Iserlohn. Dritte, vermehrte Auflage. Mit 380 Textabbildungen. Gebunden Preis M. 15.—.

Transmissionen. Wellen- Lager- Kupplungen- Riemen- und Seiltrieb-Anlagen. Von Ing. **St. Jellinek,** Wien. Mit 61 Textfiguren und 30 Tafeln. Gebunden Preis M. 12.—.

Die Technologie des Maschinentechnikers. Von Prof. Ing. **Karl Meyer,** Köln. Vierte, verbesserte Auflage. Mit 408 Textfiguren. Gebunden Preis M. 14.—.

Austauschbare Einzelteile im Maschinenbau. Die technischen Grundlagen für ihre Herstellung. Von Oberingenieur **Otto Neumann.** Mit 78 Textabbildungen. Preis M. 7.—; gebunden M. 9.—.

Werkstattstechnik. Zeitschrift für Fabrikbetrieb und Herstellungsverfahren. Herausgegeben von Professor Dr.-Ing. **G. Schlesinger,** Charlottenburg. Jährlich 24 Hefte. Vierteljährlich M. 10.—.

Hierzu Teuerungszuschläge.

GPSR Compliance

The European Union's (EU) General Product Safety Regulation (GPSR) is a set of rules that requires consumer products to be safe and our obligations to ensure this.

If you have any concerns about our products, you can contact us on ProductSafety@springernature.com

In case Publisher is established outside the EU, the EU authorized representative is:

Springer Nature Customer Service Center GmbH
Europaplatz 3
69115 Heidelberg, Germany

Batch number: 10683525

Printed by Printforce, the Netherlands